大美阅读·自然与人文系列

主　　编　王直华

策　　划　周雁翎

丛书主持　陈　静

·北京科普创作出版专项资金资助·

Desert Expedition

沙漠大探险

柯 潜 编著

北京大学出版社

PEKING UNIVERSITY PRESS

图书在版编目（CIP）数据

沙漠大探险 / 柯潜著 . — 北京：北京大学出版社，2014.11
ISBN 978-7-301-20781-9

Ⅰ . ①沙⋯　Ⅱ . ①柯⋯　Ⅲ . ①沙漠－探险－普及读物　Ⅳ . ① P941.73-49

中国版本图书馆 CIP 数据核字（2012）第 124621 号

书　　　名：沙漠大探险
著作责任者：柯　潜　编著
丛 书 策 划：周雁翎
丛 书 主 持：陈　静
责 任 编 辑：邹艳霞
标 准 书 号：ISBN 978-7-301-20781-9/N·0050
出 版 发 行：北京大学出版社
地　　　址：北京市海淀区成府路 205 号　100871
网　　　站：http://www.pup.cn　新浪官方微博：@北京大学出版社
电 子 信 箱：zyl@pup.pku.edu.cn
电　　　话：邮购部 62752015　发行部 62750672　编辑部 62767857　出版部 62754962
印 刷 者：北京大学印刷厂
经 销 者：新华书店
　　　　　787 毫米 ×1092 毫米　16 开本　11.75 印张　150 千字
　　　　　2014 年 11 月第 1 版　　2014 年 11 月第 1 次印刷
定　　　价：39.00 元

目录

1 前仆后继的勇士

→ 雷特阿德埋骨黄沙

→ 丹尼尔·侯东神秘失踪

→ 霍勒曼暴病尼日尔河

▲ 撒哈拉沙漠是世界上最大的沙漠。

▲ 撒哈拉沙漠占非洲面积的四分之一，
地广人稀，平均每平方千米不足一人。

在非洲有一方名叫撒哈拉的神秘土地，跨越埃及、苏丹、利比亚、乍得、突尼斯、阿尔及利亚、尼日尔、马里、毛里塔尼亚等国国境，面积约800万平方千米。那里黄沙莽莽，渺无人迹。它是生命的禁区，是死神肆虐的坟场；那里也有惊心动魄的英雄史诗，激越昂扬的生命赞歌。早在遥远的古代，这里的游牧民族为了生存，便向这块神秘的土地进军，付出了沉重的代价，包括宝贵的生命。然而，他们的英雄业绩，除了从离奇虚幻的传说中折射出一鳞半爪的痕迹外，大都被荒漠掩埋得严严实实，人们甚至叫不出他们的姓名。

只是到了18世纪，随着欧洲资本主义的发展，贪欲的魔棍才把众多的文明人从西方驱使到这片荒芜的土地上来。据说，非洲有座名叫通布图的城市，它屹立在神秘的尼日尔河岸。那里埋藏着无法计数的珍宝。这些

▲ 尼日尔河为西非主要河流，是仅次于尼罗河和刚果河的非洲第三长河。

夸大其辞甚至子虚乌有的传闻，虽然近似神话，但它确实成了西方人舍生忘死、苦苦追寻的强大精神动力。通布图并不神秘，它是马里的历史名城，在撒哈拉沙漠南缘，尼日尔河（发源于几内亚，流经马里、尼日尔、贝宁，在尼日利亚的哈尔科港入几内亚湾，全长4100千米）中游北岸。12世纪

▶通布图位于撒哈拉沙漠南缘，历史上曾是交通要道和文化中心。图为当地街景。

时由多亚雷古人建立。14世纪中叶起，曾为马里王国和桑海王国的著名城镇，极盛时居民达4.5万人。为商贸要站，多古迹，有古清真寺。

于是，一个以探寻尼日尔河为目标的探险活动，便在撒哈拉南部地区展开了。

雷特阿德埋骨黄沙

1788年，探寻尼日尔河的宏大计划，在一个名叫"促进非洲内陆开发协会"的办公室中确定了。这个组织的领导人是英国著名的探险家库克船长和科学家约瑟夫·班克斯。

按照这项计划，探险队必须从北而南穿越撒哈拉沙漠。约翰·雷特阿德应聘承担了这一重任。他睿智、机警，有强健的体魄，具有丰富的海上探险经验，是完成穿越撒哈拉沙漠伟大使命的最合适的人选。

在一片祝福声中，雷特阿德启程来到了非洲的文明古都埃及开罗，很快联系到了一支结伴同行的商队。他豪情满怀地对商队的首领说："到时候，让我们共同分享那无穷的欢乐和荣耀吧！"

那是一个凉风习习的清晨，雷特阿德满怀激情地跟随着商队，踏上了穿越撒哈拉沙漠的艰苦征程，也是他有生以来第一次领略沙漠风情的冒险旅行。这天，气候宜人，清脆的铃声在微风中荡漾，骆驼走在细腻、柔软的沙子上，一步一个圆圆的脚印，觉得别有一番情趣。天黑了，便在一方

▲ 库克（中）和约瑟夫·班克斯（左二）。

▲ 库克的随船画师绘制的南太平洋塔西提岛居民以活人祭祀的情景。

平坦的沙地上架起白色的帐篷，从驼背上取下用油毡包裹的行囊，坐在渐渐冷却的沙地上，一面吃着干粮，一面谈论沙漠里千奇百怪的故事，真是开心极了。这天夜晚，他睡得很安详。因为眼前的沙漠，并不像人们传说的那样冷酷无情；相反，它辽阔、壮美，令人心旷神怡。想到这些，更增加了他征服沙漠的勇气。

拂晓，习习的凉风掠过人的面颊，沙漠像水洗过似的干净。仰望天空，湛蓝湛蓝的，没有一丝云彩，温柔的沙丘不断地铺展到视觉的极限。他们吃过简单的早餐后，便整装上路了。到了正午时分，天气突然起了变化。刹那间，乌云涌起，狂风大作，弥天的黄沙，搅得日月无光。好在他们早有准备，在一座长满胡杨的林子间隐蔽起来，才平安地经受住进入沙漠后的第一次严峻考验。

风暴停息后，他发现近处的高冈不翼而飞，而远处的开阔地上却垒起了一个个大小不同、形状迥异的沙丘。这一切，都发生在很短的时间内。雷特阿德惊奇地大叫起来："多伟大啊！我终于看见了造化的魔力！"

不久，他们到达了埃及锡瓦绿洲。在这里补充了饮水和食物，稍事休息后，又继续南进。然而，就在这时，一场严重的疾病夺走了雷特阿德的生命，他不幸暴尸在荒漠里。

在弥留之际，这位肩负"协会"重托的勇士，以失望和忧郁的眼神，向人们表达了他的终生遗憾和愧疚。从此，那奔腾不息的尼日尔河的欢歌，以及通布图取之不尽、用之不竭的宝藏，对他来说，将永远是一个无法证实的梦幻。

雷特阿德的病逝，宣告了"协会"组织的首次穿越撒哈拉探险计划的夭折。

丹尼尔·侯东神秘失踪

两年以后，班克斯组织了第二次行动，英国士官丹尼尔·侯东继承了

雷特阿德的事业。

侯东满怀信心地向班克斯提出了自己的设想："我认为对尼日尔河的探寻，应该走一条全新的道路。"他说："对撒哈拉探险的目的，总不能单纯地停留在人类意志力的检验上。应该承认，我们的最终目的还是要找到尼日尔河，找到充满诱惑力的通布图宝藏；或者，更确切地说，我们要开辟一条通往非洲南部的商业通道。"说到这里，他抿了一下嘴唇，不无自信地明确提出了"先走水道，到冈比亚河口登岸后，再向内陆伸展"的主张。因为，从现有的资料看，尼日尔河跨越了热带雨林、热带草原和热带沙漠3个气候带，而通布图很可能在尼日尔河流域沙漠地带的边缘。

由于侯东的论证具有很强的说服力，计划很快得到了"协会"的批准。

按照他的安排，丹尼尔·侯东乘船到达了冈比亚河口。上岸后，他精心地进行了策划，做好了远征的准备工作，不久，便向内陆出发了。据他行前写给妻子和"协会"的两封信透露，丹尼尔出发前，曾满怀信心地估计，大约只要向东走完一个月的路程，便可以撩开人们翘首以待的通布图的神秘面纱。然而，自此以后，人们再也没有得到他的任何信息，也没有人提供过有关他失踪的任何蛛丝马迹。

第二次行动又失败了。但是，"协会"的领导者并不感到气馁，因为他们坚信一个颠扑不破的真理，通向成功的远大目标，需要穿过一条荆棘丛生、充满障碍和牺牲的曲折道路，探险事业就更是如此。

霍勒曼暴病尼日尔河

5年的时间又悄悄地溜走了。到了1796年，德国神学院教授弗里特里奇·霍勒曼，向"协会"提出了一个"自北而南，从埃及的开罗出发，向南方的墨尔苏奎挺进，然后到卡西那，穿越整个撒哈拉大沙漠，直取尼日尔河"的宏伟计划。

显然，这次行动更具有冒险性和挑战性。为此，他作了周密的准备工作，

花了一年多时间学会了有关生活和交际方面的阿拉伯语言，并且找到了一支前往撒哈拉的商队。行前，班克斯再三告诫他要隐去基督徒的身份，以免遭到沿途穆斯林部族的阻挠。

在埃及期间，霍勒曼邂逅一位笃信伊斯兰教的德国朋友弗连坦布尔克，弗连坦布尔克对霍勒曼的追求表现出极大的热情与支持，并愿意以仆人的身份，同他一道穿过撒哈拉大沙漠。

一切准备就绪后，他们换上了白色的布袍，裹上白色的头巾，装扮成伊斯兰教徒，开始了艰难的沙漠旅行。

▲ 约瑟夫·班克斯（Joseph Banks，1743—1820）画像。

经过几天艰难的跋涉，他们走完了第一阶段的路程，锡瓦绿洲已经踩在他们的脚下。这里水草丰美，牧歌荡漾，是大漠中的一颗明珠。它是过往商队的理想驿站，也是通往圣都麦加的主要休憩地。在这里，霍勒曼观光了宙斯、安曼神庙。尽管经过历史的风沙涤荡，神殿已经残破不堪，然而，作为一名神学工作者，面对眼前的颓垣断瓦，他还是激动不已。

稍事休息后，他们同商队一起，又穿过了惠桑绿洲，到达了墨尔苏奎。在这里，他以浓厚的兴趣和巨大的勇气，单独访问了的黎波里，并同当地的土著亲密交往，了解有关沙漠游牧部落的生活、习俗，以及饶有趣味的异域风情。在这里，他将探险途中的见闻写成文字材料，托人送到了英国。

几天后，一个令他难以接受的事实发生了。霍勒曼的忠实旅伴和伊斯兰教顾问弗连坦布尔克患热病去世。他强忍着巨大的悲恸，用黄沙和泪水

▶ 多亚雷古人是撒哈拉沙漠的游牧民族，他们有个独特的习俗：男子戴面纱，女子则不戴。男子所戴的面纱有黑、白两种颜色，以表明其生活的地区。

掩埋了挚友的遗骨。几天后，霍勒曼参加了另一支商队，踏上了新的征途。

一天夜里，他躺在羊皮缝制的睡毯上，浑身冷得发抖；到了午夜，又热得大汗淋漓。同行商队首领告诉他这是疟疾，必须服药诊治。

霍勒曼被迫滞留下来。经过一段时间的休养，病体恢复后，又随一支前往卡西那的商队消失在南进的沙漠里。

谁都知道，沙漠旅行是用生命押下的赌注。不仅要面对恶劣的自然环境，还要与驰骋在沙漠中的游牧部落周旋，争取他们的协助。然而，跟游牧民族交往是非常危险的。因为他们害怕这些闯入他们领地的白色人种，有朝一日总会洗劫他们的家园。所以，长期以来，对外来的欧洲人抱有强烈的敌对情绪。饥饿、干渴、疾病，随时都可以夺走每一个被人们视为英雄的坚强生命。

霍勒曼自然是一位敢于向沙漠宣战的勇士。他安坐在高大的骆驼背上，

经过几度寒暑的艰难跋涉，凭着自己的坚强意志和健全体魄，终于自北而南，跨越了那广阔无垠的撒哈拉大沙漠。

那是 1801 年的春天，他终于站立在尼日尔河的高岸上，激动地向世界宣布："我找到了尼日尔河！"这惊雷般的声音，响彻在沙漠上空，飘散到遥远的天边。

第二天，他拖着疲惫的身体，对这条神秘的河流开始进行仔细的考察。然而仅走了一段路程便病倒了，据说是一种说不清病因的急症。他终于未能拒绝上帝的召唤，在卡波尼的一座小村庄里悄然去世了。没有隆重的葬礼，只有滔滔滚滚的尼日尔河发出的阵阵哀歌。这时他年仅 29 岁。

霍勒曼的探险没有留下系统翔实的文字材料。后来的探险家沿着他的足迹行进，证实了他是从波奴跨越了撒哈拉沙漠，向西经卡西那南进，并最终到达尼日尔河畔的。

他是继古罗马人之后，第一位穿越撒哈拉大沙漠的欧洲探险家。他的卓越贡献在于承前启后，继往开来，为人类征服沙漠的壮举竖起了一座用智慧和勇气铸成的历史丰碑。

▲尼日尔河中的小岛。

2 生命谱写的壮歌

▲ 尼日尔河是西非重要通航河流，其四分之三河段可通航。

利比亚西南部撒哈拉沙漠中的移动沙丘。

▶蒙哥·帕尔克（Mungo Park，1771—1806）是一名英国探险家，被认为是第一个考察尼日尔河的西方人。

蒙哥·帕尔克是苏格兰的外科医生，他的诊所设备齐全，生意红火。同时致力于生物学研究，在社会上很有声望。然而，他是一个不安现状、富有探索精神的人。

1795年春天，帕尔克受英国"促进非洲内陆开发协会"的聘请，接受了寻找尼日尔河的探险任务。

可怕的热病

为了避开穿越撒哈拉沙漠的艰险旅程，他从海上乘船抵达冈比亚河口。他在一个名叫比沙尼亚的小村庄住了下来。为了避免不必要的麻烦，他在这里进行了周密的准备工作，并收集了有关尼日尔河的文字记录和口头传闻。一切紧张而又有序地进行着。

▼冈比亚河是非洲最适于航行的河流。

就在他整装待发之际，厄运却降临到了他的头上，帕尔克不幸染上了可怕的热病。长期的高烧使他神智昏迷。

在梦幻中，他仿佛跨上一匹健壮的骆驼，趁着沙漠里蒸腾的热浪，冲出了游牧部落的重重包围，正昂首阔步地向前疾驰。突然间，他兴奋地大叫起来："尼日尔河，我终于找到你了……"

当他醒过来时，浮现在眼前的一切幻影都消失了。他依旧躺在病榻上呻吟着，只有小屋的窗口射进几缕惨淡的阳光。

帕尔克终于幸运地活下来了。经过短时的休养，他便踏上了征途。

摩尔部遇险

同他随行的人，除了名叫强生的黑人翻译外，还雇请了当地一名少年，大约十二三岁。他们晓行夜宿，在沙漠里跋涉了几天后，便带着金银珠宝，拜会了部落的首领，请求得到他的保护。

大概是珍稀礼品的效应吧，帕尔克等人得到了友好的接待，首领答应在自己的领地保证探险队的安全。然而，尼日尔河源远流长，其他部落就管不着了。

一天，他们正行进在松软的沙地上，忽然远处扬起一溜黄色的烟云。帕尔克大吃一惊，以为是沙暴就要降临了。强生把手放在前额上仔细瞭望，又趴在地上听了一会儿，肯定地对帕尔克说：

"不是风暴，是大队的骆驼。先生！"

一听说大队的骆驼，帕尔克就毛骨悚然。在进入沙漠以后，最让他担心的是撞上那些凶悍的多亚雷古人的袭击。在他们看来，那些胆敢入侵自己领地的白色人种，简直是罪不容诛。

帕尔克浑身战栗，用恐怖的眼神直视强生。

强生告诉他，这里是摩尔人（他们分布在摩洛哥、毛里塔里亚和马里北部）的领地，与多亚雷古人毫不相干，用不着过分惊慌。

▲ 在沙漠中，骆驼商队迄今仍承担着重要的运输功能。

一会儿，驼队走近了，他们便乖乖地作了摩尔人的俘虏。

蒙哥·帕尔克被绑着双手丢在一峰骆驼上。这时，他听见强生跟一个青年嘀咕了一阵子后，便转过头来向他挥动着双手。

"先生，别害怕，不要跟摩尔人作对，他们不会杀掉你的！我不能陪你了。"说完，强生便朝着来的方向走了。

帕尔克自此失去了一位亲密的伙伴，孤单一人，落在语言不通的异族手里，连生死都难以预料，不觉心潮涌动，悲从中来。

黄昏时分，驼队到了摩尔人酋长的驻地。这里星星点点，遍地都是白色的帐篷。帐篷的隙地间，用木头圈起的栅栏里，满是白色的羊群，还有骆驼、奶牛等牲畜，一切都标示着这里是一个部落王国的统治中心。

被折腾了一天的帕尔克被扔下驼背，摔在地上。这时，他头昏目眩，仿佛地球在剧烈地晃动。最使他难受的是口干得火辣辣的。他操着从强生那里学来的似是而非的部落方言，向摩尔人再三恳求，希望能给他点水喝。

头领脸色木然，一点表情也没有。干渴的帕尔克只得打着手势，拼命地喊叫。过了好一阵子，头领才摆动了脑袋，示意给俘虏水喝。不久，帕

尔克被前来的摩尔人包围了。他们像看珍稀动物一样，有的用棍子去拨弄他的头发，有的拉扯他的衣角，有的抢走他的帽子，有的将他上衣的铜纽扣拉下来玩赏。

到了晚上，帕尔克被带进了摩尔人酋长阿里王的帐篷。阿里王是一位满脸胡须的长者。他端坐在黑色的椅子中，神情显得十分严肃，在他的身后，随侍着几个穿戴整洁的贵妇人。一进帐篷，帕尔克便被大家盯住了。他们仔细地打量着这个白色俘虏，从头一直审视到脚。总之，对他充满了神奇和疑虑。

帕尔克站在帐篷的中央，一言不发，静静地等待阿里王的"圣裁"。这时，巫师前来报告祈祷的时间到了。他回过头来，只见几个少年牵出几头野猪，不知大声说了一句什么。翻译人员告诉他："这是大王送给你的礼物！"帕尔克思忖着："野猪是摩尔人最嫌弃的动物，在他们看来，没有什么比它更令人厌恶的了。看来这些家伙跟基督徒有着很深的敌意。"他正不知所措，只见阿里王摆动右手，命令少年把野猪放开，让它去袭击眼前这个基督教徒。谁知道这些畜生却避开帕尔克，拼命向其他的人冲击，有的野猪甚至蹿到了阿里王的宝座底下。

▲ 摩尔人是典型的游牧民族，今天他们主要生活在西撒哈拉地区。图为毛里塔尼亚的一名摩尔男子。

▲ 阿尔罕布拉宫为中世纪时摩尔人建立的格拉纳达王国的王宫。"阿尔罕布拉"意为"红堡"。

一场严峻的考验过去了，人们终于散去。帕尔克被带到另一座帐篷里，交由一个小头目看管。他被安置在帐篷入口左边的一片沙地上，门口有人把守。这时，他饥肠辘辘，睡不着觉，只得恳求看守土著给他点东西吃。他的要求达到了。大约半小时后，一碗盐水玉米端到了他的面前。之后，他便在众人的严密监视下响起了雷鸣般的鼾声。

悄悄逃出营帐

第二天，主人并没有发落他的表示，夜晚，他照样躺在帐篷里的沙地上，不过，气氛显然比以前缓和多了。

夜深了，沙漠上一片寂静。这时看管的人都睡了，只有帕尔克在沙地上辗转反侧，难以入睡。往事像潮水般地涌上他的心头。他想到故乡，想到牧场和自己受人尊敬的职业。现在，却落到了风俗迥异的土著人手里，受尽了凌辱和折磨。最令他担心的，是不知道摩尔人会怎样处置自己，也许就在某一个时间会将自己杀死。想到这里，泪水便不由自主地流了下来。

这时，一个大胆的想法已在他胸中酝酿成熟：伺机逃跑。到了后半夜，帕尔克发现看守他的人都熟睡了，有的还打着大鼾。于是他悄悄地爬出帐篷，借着微弱的星光在沙地上像虫子一样向前蠕动。花了10多分钟，他爬到了离帐篷大约100多米的地方，解开一峰骆驼，翻身上去，在夜幕的掩护下，逃离了摩尔人的营地。

啊！尼日尔河

几经周折，蒙哥·帕尔克终于抵达了塞古（在今马里共和国境内，离巴马科不远），看到了他朝思暮想的尼日尔河。他伫立河畔，深情地望着那浩浩荡荡的宽阔河面，激动得热泪盈眶。他蹲下身去，捧起清甜的河水，尽情畅饮，洗去连日来积聚的满面征尘。

在塞古，帕尔克收集了许多有关尼日尔河的资料。后来，他沿着河岸走了6天，到达一个名叫达西拉的小村庄。这时盘缠已罄，加上长期的艰苦跋涉，健康状况也已不佳，使他不能继续自己的旅行，被迫回到了英国。

帕尔克找到了尼日尔河，证实了尼日尔河从热带草原地带流经撒哈拉沙漠的南部，然后折向东流的科学结论。在伦敦，他发表了自己的探险记录，引起了舆论的关注，获得了人们的尊敬。

殉难散散丁

蒙哥·帕尔克虽然到达了尼日尔河，但他只走了全程的1/3，没有走完这条河流的全程。塞古离通布图还远着呢！因此，任务没有圆满完成。

到了19世纪初期，拿破仑在非洲的扩张引起了大英帝国的恐慌，为了确保帝国在西非的重要殖民据点，蒙哥·帕尔克再次被任命为新组建的国家探险队队长，沿着他走过的道路，继续东进，务必找到尼日尔河的出海口，并考察沿河地区的政治、经济、民族以及风土人情等状况。

这支探险队由帝国政府出资组成，装备精良，人强马壮，物资充足，是一支规模宏大的武装探险队。帕尔克作为这支队伍的指挥官，神气十足。他再也不用向土著部落进贡礼品，也不用担心成为摩尔人的俘虏了。

然而，在穿越沙漠的过程中，却不是一帆风顺的。一天下午，天空突然阴沉下

▲ 在撒哈拉，沙尘暴极为常见。撒哈拉沙漠是矿物粉尘（mineral dust）的主要来源。

来，太阳很快隐没在地平线上。帕尔克心里明白，一场暴风沙即将来临。他果断地下达命令："放下行李，赶快卧倒。"然而，那些从未经历过沙漠风暴的英国人，不相信有什么怪风能把人刮走的奇闻，根本不重视帕尔克的命令，他们倒想尽情观赏沙漠风暴的壮阔景象哩。

瞬间，强劲的暴风卷起满天沙石，潮水般向他们涌来。队员们立刻被吹得七零八落，有的被推去几十米远，有的一头栽在沙石里，狼狈不堪。好在暴风延续的时间不长，事后清点，幸喜人员未受伤亡，只是物资行李丢了不少。最令人痛心的是罗盘、地图等也不知去向，这将给未来的旅程增加很多困难。探险队就只能凭着帕尔克的经验行动了。

后来，他们从一支游牧部落中请了一名向导，才得以顺利地到达离塞古不远的散散丁。

他们在这里进行了短暂的修整，补充了饮水和食物。帕尔克决定乘船顺尼日尔河东下，估计无需很长时间，便可以找到河流的出口了。

几天后，帕尔克率领他的探险船队从散散丁出发了。他们沿着尼日尔河顺流而下，经过 10 多天的航行，到达了通布图的港口卡巴拉。一天下午，正当他们继续前进时，突然狂风大作，暴雨倾盆，翻滚的浪涛将船员卷入到飞快旋转的回流中，撞击在水中突起的岩石上。一个多小时过去了，仍未摆脱回流的困扰。

这时，一支游牧部落的武装巡逻分队经过这里，面对眼前的白人"入侵者"，他们不问情由，便开始了武装进攻，并召来了增援部队。他们虽然没有火器，却占据有利地形，而且彪悍善战，快速轻捷。在他们布置的半包围圈里，箭簇密密麻麻地射向被围困的探险船只，队员们死伤惨重。刹那间，只听杀声四起，巡逻队冲上来了。帕尔克慌乱中命令探险队员开始射击，巡逻队拼死抵抗；接着子弹告罄，帕尔克只得命令撤退。

这时，暮色渐渐降临，河面上一片朦胧。探险队员背着伤员，慌乱地跳入河中，想从对岸的陆地逃命。但是河水很深，很多人被淹死了，只有少数人游上了岸，却躲不开蝗虫般飞来的神箭。整个探险队的欧洲人没有

一个活下来。

帕尔克和他的战友遇难的消息，一直未能传到欧洲，人们还眼巴巴盼着他们胜利归来。

5 年之后，英国人才从一个幸免于难的土著那里，知道了他们罹难的经过。原来战斗激烈时他没有跟着撤退，而是躲在船舱的角落里。巡逻队冲上船来，抢走所有的财物，也俘虏了这个土著。只是因为他是当地部落的成员，才得以保住性命。

3 通布图，我来了！

▲ 马里（西北非）尼日尔河 Mopti 港口边的船只。

在一间阴暗潮湿的草棚里，躺着一名病危的异乡人，名叫雷尼·开利。他是第一个自愿去寻找通布图的法国探险家。那时，他的前辈同行都已在中途丧生。开利决心继承他们的事业：即使千难万险，也要找到那传说中拥有无数财宝的迷人都市。如果成功，还能得到法国地理学会一笔可观的奖金。

▲ 雷尼·开利（René Caillié, 1799—1838）

开利出身贫寒，没有受过系统的学校教育，靠自学初通文字，阅读了大量的旅游杂志，对蒙哥·帕尔克的探险报道，尤为喜爱，激发他想去非洲内陆旅行。为了实现自己的宏愿，他作了充分的物质和精神准备，并到摩尔人部落生活了很长的时间，学会了阿拉伯语言，熟读了《古兰经》。

1827 年 3 月，开利从塞拉利昂的自由城出发，开始了艰难的沙漠旅行。

▼ 塞拉利昂自由城俯瞰

死神宽恕了他

从塞拉利昂的自由城出发，经过9天的艰难跋涉，总算顺利地到达了奥奴里斯。幸运的是，他在这里与一支去通布图的商队同行。他们日出而行，日落而息，生活就像一部运转的简单机械，不停地重复往返，令人厌倦。然而，开利并没有灰心，因为一个美好的幻景在激励着他去奋力拼搏。他想，要是找到了那金光四射的藏宝之地，即使牺牲了性命，也会含笑九泉。

在旅途中，他开始抽空写下自己的见闻。

往后的旅程越来越艰难，气候的变化越来越大，商队的饮水很久不能得到补充。有时，他干渴得连嘴唇都动不得，肚子里像烧着了一盆炭火，热烘烘的，实在令人难以忍受。

不久，商队成员遭到了热病的袭击，很多人倒下去了，开利和其余的人拼力挣扎着，行进的速度慢了下来。

一天，他们艰难地渡过了尼日尔河的支流，拖着沉重的病体，好容易到达了第美，这是一个仅有几户人家的土著村落。

此时，他除了患上坏血症外，还染上了可怕的疟疾，病情日趋严重。干热的气候和饮水的缺乏，又使他口腔上部的皮肤脱落，造成牙床松动。脑袋也疼得厉害，一连几天不能入睡。没几天，双脚肿痛，无法站立，只能躺在草堆上辗转呻吟。

他睁大着失神的双眼，遥望异域的天空，不禁泪水盈眶。此时万念俱灰，唯一的等待，就是死神的车驾。

这里离通布图已经不远了。值得欣慰的是，他觉得自己是在充满神奇和宝藏的城市的灯光照耀下死去的。

他的仆人将他安置在当地一位黑人老太太的家里，给他们留下了一笔可观的钱财，其中自然包括主人的安葬费。

也许是命不该绝吧，黑人老太太对他悉心照护，并用土方为他治疗，没过几天奇迹出现了，他的病情逐日好转，甚至完全康复。

躲在甲板底下

开利病愈后，精神振奋，希望之火又重新在他的胸中燃烧，经过短暂的准备，又踏上了征途。不久，他到达了偕努。向导告诉他，这里距通布图只有 300 千米了。

这是尼日尔河支流岸边的一个村落。土著居民全是伊斯兰教徒。开利在此休整了一段时间，补充了食物，恢复了体力，了解部落间有趣的风俗习惯。总之，他幸运地得到土著人的友好对待，同时也增强了继续探险的信心。

从这里去通布图，须改乘小船。看来，他可以免除沙漠徒步旅行的煎熬，顺流而下，还可以饱览尼日尔河两岸的旖旎风光。然而，事实却截然相反，这段路程，他付出了很大的代价，差点儿丢掉了性命。原来，这里居住着彪悍的多亚雷古人。他们对过往的船只，不时发起突然的袭击，每次总有人死伤。他遵从向导的嘱咐，藏在甲板底下，以免被沿途的多亚雷古人发现，造成不必要的麻烦。

酷热的气候使他汗流如注，闷臭的空气使他呼吸困难。由于连日的折腾，他的健康状况又急剧地变坏了。然而，他默默地忍受着，深信上帝总会在他的身边，美好的希望一定能够实现。

就这样，他在底舱下整整地生活了一个多月。

有天上午，阳光从甲板的缝隙中透进几缕光亮，他似乎听到向导和船夫的谈话：

"快要靠岸了。"

"前面就是卡巴拉河港的码头！"

▲ 塞拉利昂凯拉洪（Kailahun）地区的一位土著妇女在自家屋前。

开利掀开甲板，长长地吁了一口气，不由得高呼起来：

"通布图！通布图！我的天使，你终于出现在我的眼前……"

沉闷的"死土地"

他迫不及待地跳上码头，满怀激情地去亲近这座充满神奇幻想的异国城市。然而，面对着眼前的一切，他几乎惊呆了，这哪里是欧洲人传闻和想象中的通布图！这里根本没有宝藏和喧闹，有的只是流沙和寂静。他绕岸走了一圈，映入眼帘的是一座座低矮的泥房子，住宅的周围是一望无际的由黄白色流沙构成的莽莽荒原。除了地平线的一端呈现出几抹淡红的色彩外，整个自然景象都是那样的浑然一色，显得单调、荒凉和令人窒息的沉闷，甚至听不到虫鸟的鸣声。

开利穿过一条小巷，进入了这座城市的中心地带。他发现这里生意清淡，铺面冷落，来往的行人很少，就其热闹的程度而论，甚至比不上尼日尔河岸的偕努小镇。他在街上逛了好半天，竟没有碰上一个外来的旅行者，也没有碰上一个探险家。除了几家肮脏的小客店外，没有一家像样的旅馆。在集市上，他仔细审视了几处摊点，地上摆放着欧洲的布匹、杂货，还有枪支。然而，却找不到一粒粮食和粮食制品。

总之，开利曾经向往并差点为之献身的通布图，和眼前的景象大相径庭。他感到失望，并把这座城市称为"死土地"。

第二天，他又考察了市内三座主要的伊斯兰教寺院，对它们的建筑、神像、壁画进行了研究，作了详细的记录，有的还画成了图谱。

在他投宿的地方，恰好是他的前辈探险家、苏格兰的亚历山大·雷因少校在通布图住处的对面。开利想调查雷因死亡的真相，然而，这是十分危险的事。在通布图逗留之际，他曾与当地居民闲聊，也进行了旁敲侧击，但没有得到任何结果。

▲ 通布图是古代西非和北非骆驼商队的必经之地，也是伊斯兰文化向非洲传播的中心。图为雷尼·开利手绘的通布图景象（1830 年）。

活着归来的人

无论是英国、法国，还是其他欧洲国家，有多少旅行者和探险家曾为寻找通布图这个充满神秘色彩的城市而历尽艰辛，几乎没有一个人能活着回来。他们中有的人只走了一段路程，不是死于热带疾病，就是葬身沙漠风暴；有的人虽然找到了这座城市，却未能顺利返程，把亲身经历告诉给自己的国人。

雷尼·开利却开创了一个先例，他不仅到达了通布图，而且活着返回了法国。

他在通布图逗留了约两个星期，便与一支庞大的商队同行，向摩洛哥前进。他们在一望无际的沙漠中缓缓蠕动。在跨越撒哈拉沙漠的艰辛旅程

中，饱尝了干渴饥饿的痛苦和酷热气候的煎熬。

终于有一天，他和商队平安到达了阿特拉斯山脉（位于突尼斯、阿尔及利亚和摩洛哥境内）南麓的塔惠雷尔多绿洲。在这里，他整理了自己的探险记录。后来又经过了40多天的跋涉，跨越阿特拉斯山脉，到达了摩洛哥大西洋海滨城市丹吉尔。这里驻有法国的领事机构。在他们的援助下，开利顺利地返回了法国。

他的伟大成功，引起了社会极大的关注，法国地理学会为他举行了盛大的欢迎仪式，并当场发给他1万法郎的奖金。

开利，这位出身贫寒的面包师的儿子，凭着自己的坚强意志和勇毅精神，终于成为第一个到达通布图的法国人，也是能够活着归来的第一个跨越撒哈拉大沙漠的欧洲探险家。

▲ 塞拉利昂的奴隶贸易（绘于1835年）。

▲ 殖民地时期的自由城（绘于1856年）。

4 血染黄沙的巾帼英雄

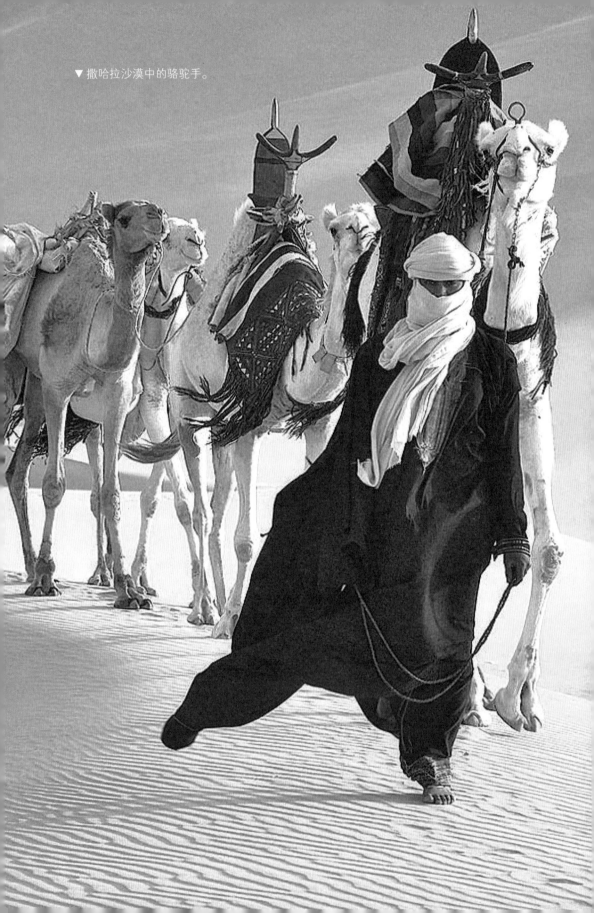
▼ 撒哈拉沙漠中的骆驼手。

探险具有强烈的挑战性和冒险性，有史以来一直是男人的奋斗目标，女人涉足这一领域的很少。而在跨越撒哈拉大沙漠的探险者中，就有一位巾帼英雄，也是沙漠探险史上留下姓名的第一个女性。

她闯进了撒哈拉

亚历山大·琳·狄娜，生于荷兰一个富有而且权势显赫的家族。本可以成为一笔巨额财产的继承人，她对理想的执著追求，她的刚毅勇敢和富有探索的精神，使她闯进了一个充满艰难险阻和死亡的冒险世界。

早在1863年至1864年间，她便完成了从喀土穆（现苏丹首都）到巴拉尔加札尔的旅行，接着又去阿尔及利亚和突尼斯探险，了解到许多有趣的习俗，同时也经历了多次危险，差点儿丢掉性命。在艰难的长途跋涉中，作为一个女人，她所忍受的痛苦、付出的代价，自然比一个男人更多、更大。

然而，狄娜有着坚强的信念、超人的毅力和永不退缩的斗争精神；她坚信，女人也是上帝的宠儿，男人能做到的事情，女人也一定能做到，上帝也在女人的身边。

就在30岁的那年，狄娜勇敢地闯进了撒哈拉大沙漠。

▶ 喀土穆（Khartoum）意为"大象鼻子"。青、白尼罗河在此交汇后向北流往埃及，颇似大象鼻子，喀土穆因此而得名。图为喀土穆街道鸟瞰。

向墨尔苏奎进发

刚刚踏进那一望无际的茫茫沙海，她感觉到的只是单调、乏味，除了湛蓝的天空外，大地都是那样地浑然一色。在强烈的阳光照射下，刺目的反光简直使她难以睁开双眼。到了中午，空气灼热得令人窒息。

面对恶劣的自然环境，她并不惧怕，因为她早有思想准备。令她最难受的是孤单、寂寞和日复一日地重复着这种缺少生气的早行夜宿。好在她的仆人忠心耿耿，性情欢快，有时能为她驱散旅途的烦闷。

渐渐地，她适应了沙漠旅行的常规生活。参差起伏的沙丘，蓝得醉人的天宇，以及清脆悦耳的驼铃，使她领略到异样的情趣，甚至爱上了这富有诗意的旷阔境界。

然而，沙漠的脾气并非永远是柔顺的，有时它会大发雷霆，闹得天翻地覆，日昏月暗，使你来不及躲避，甚至也无处藏身。

一天下午，太阳的光热还是像往日一样灼人肌肤，就连骆驼也闷得喘着粗气。突然，从远方升起一堵乌云，向狄娜行进的方向猛压过来。霎时间铺天盖地，天宇一片昏暗。她缺少沙漠旅行的经验，还以为是下雨了，可以为他们解除苦热，洗洗身子，补充饮水。可是她的同伴却大叫起来："不得了，风暴来了。"话音刚落，只见风声大作，有如山崩地裂，狂暴的沙石，

▲ 撒哈拉沙漠里，驼队是最常用的运输方式。

▲ 沙尘暴多发生在内陆沙漠地区，撒哈拉沙漠是主要源地之一。图为沙尘暴袭来的一刻。

像千万只发怒的野兽向他们猛烈地袭来，就连久经考验的骆驼也站立不稳，只得在背风的沙丘凹地躺了下来。狄娜则抱头钻到了骆驼的肚皮底下，她的一双穿着长靴的腿早已埋进了厚厚的沙石中。

直到傍晚时分，风暴才慢慢停了下来，恢复了先前的平静，只是眼前的环境比风暴前发生了很大的变化，周围的沙丘消失了，背后却垒起了一座老高的沙冈。

狄娜从骆驼肚皮下钻了出来，抖净身上的沙砾。面对眼前的一切，她简直惊呆了。她的行囊被抛到了几十米远的地方，食物和饮水都损失了很多。最令她沮丧的是，同伴已杳无踪迹。她想："要是失去了他们，在这浩瀚的沙海中，自己纵有天大的勇气，也难以走完这无法准确估计的漫长旅程。"她睁大眼睛，向四周仔细探索，终于在不远处一溜沙坎底下，发现了两个黑点。她立刻断定那是人，便欣喜若狂地奔过去。

"杰克——杰克——"狄娜呼喊着，那激动的声音在灰色的晚风中荡漾。杰克边跑边答应着："夫人，我们都还活着。"他们高兴得抱成了一团，庆幸自己终于顶住了暴风沙的袭击。

经历了这次风险，狄娜才真正尝到了撒哈拉旅行的艰辛，也真正懂得了沙漠的魅力在于它的神秘莫测和风云变幻。

他们找到了行李，在低凹的地方搭起了帐篷，静谧的夜色和清凉的晚

风很快就把他们送入了梦乡。第二天醒来，又是一个晴朗的日子，湛蓝的天空下又是一望无边的黄沙。

他们用过早餐，3人又骑着骆驼上路了。

不几天，他们完成了第一阶段的旅行，到达了墨尔苏奎。在撒哈拉的探险旅行者中，有许多人都曾到过这里，然后从这里向非洲内陆进发。但他们都是男人，狄娜却是以探险家、旅行家的身份到达这里的第一个欧洲女人。

情趣盎然的小城

狄娜修长的身材、白净的脸庞、披肩的长发，还有一双褐色明亮的大眼睛，显得十分迷人；她撩着黑色的衣裙，举止健美大方，使当地人大饱眼福。大家都涌到她下榻的地方，争先恐后地想一睹她的芳容；更多的人是想看看这位欧洲妇人的模样，与当地妇女到底有什么不同。

狄娜虽是第一次"光临"这座异域城镇，但并不感到陌生，因为她到非洲不止一次了。这里所说的城镇，其实只不过是若干土砌房子的集合体，有的顶上还盖着茅草、树枝。好在这里终年少雨，否则，人们是无法居住的。

这里有树木、青草、牲口，还有淙淙的泉水。在狭窄的街道和巷口，来来往往的男男女女身着形态各异的服装，虽然显得粗犷，但又别有一番风韵。

狄娜惊奇地发现，街道两旁的摊点上，还有从欧洲运来的布匹、银器和猎枪。

穿着奇异服装的酋长伊丘奴坦和他的全体侍从走过来了，长蛇般的骆驼队伍令人大开眼界，这种盛大的场面是狄娜以往从未见过的。

在墨尔苏奎，她有幸接触了土著部落，他们是多亚雷古人。从相貌上看，不似其他的阿拉伯民族。男人身材高大，体魄强健，皮肤呈黑褐色；女性结实丰盈，身段优美，服饰五光十色，令人眼花缭乱。多亚雷古人无论男女都很活泼，对生活中出现的任何事情，似乎都有兴趣，与人谈话，喜欢追根究底。他们的这种习性，有时使狄娜感到不安，生怕引起是非。

多亚雷古人还是一个骄傲的群体，自认为是世界上最优秀的民族，在他们的管辖区内实行残酷的统治，对过往的旅客从不放过巧取豪夺和敲榨勒索的机会。如果有人胆敢冒犯他们，必然遭来杀身之祸。

只有得到酋长伊丘奴坦庇护的人，他的部众才不敢胡作非为。

文明与野蛮的拼搏

在墨尔苏奎逗留了半个月后，狄娜准备继续她的沙漠旅行。她想，如果没有先前的跋涉，谁能知道这肆虐生灵的黄沙中还会有这样的绿洲呢？她深信，只要勇敢向前，还有更加令人惊奇的事情发生。

一天早晨，狄娜叫醒沉睡中的杰克，告诉他们此后的旅行计划。同伴们没有思想准备，因为他们的护送任务到此为止。狄娜只得寻找新的旅伴。

从这里去非洲内陆的商队并非绝无仅有，虽然费了很多口舌，商队的头领都以种种借口拒绝。后来狄娜经过多方疏通，并许以重金，终于得到了多亚雷古酋长的允诺，派遣3名部属以向导和护卫的身份伴她同行。

在头两天的旅行中，大家相安无事，那3个多亚雷古人看来很热心，也很勤快，到了宿营的时候，他们还主动帮狄娜架设帐篷，搬运箱子。后

▲ 非洲很多部落，不管男女老少，都喜欢把东西顶在头上行走。

来才知道这是在窥视动静，打探虚实。

第三天清晨，狄娜用完早餐，准备整装出发，只见那3个多亚雷古人闯进了帐篷，一字形排开。一个满脸胡子的中年人，手持一把尖刀，大声地命令她："快把你的珠宝分给大家！"对这突然袭击，狄娜大吃一惊，不知如何处置，但很快镇定下来，严肃地对他们说："我是你们酋长的贵宾，如果你们胆敢无礼，后果你们要清楚。"大胡子哈哈大笑起来："在这里，我就是头领，谁敢违拗我的意志，我的刀子是不讲情面的！"说着指向她的脖子。很明显，他贪婪的眼睛早已瞄准了狄娜脖子上的那条项链。这条链子是她母亲在她结婚时送的，价值是无法用金钱来衡量的，说什么也不能落到这伙强盗的手中。

这时，其余两个多亚雷古人撬开了她的箱子，企图寻找值钱的东西。看到他们如此无礼，狄娜冲了过来。大胡子把她推倒在地，正准备动手扯下她的项链，猛不妨狄娜从褥子底下抽出手枪，将黑洞洞的枪口瞄准眼前的这伙强盗。对手立刻软了下来。因为他们早就听说过欧洲火器的厉害。"好汉不吃眼前亏。"对峙了一阵子后，其中一个悻悻地说："哼，我们走着瞧吧！"

多亚雷古人走出帐篷在沙漠里转悠了一阵子后，又聚集在一块商量对策。

这时，狄娜已经整装上路了。她顶着炎炎的烈日，牵着几峰骆驼，正向一座沙丘爬去，不料3个多亚雷古人从后面突然发起了进攻，她跌下驼峰，强盗们一拥而上，将她紧紧压住。

狄娜挣扎着、叫骂着，但无济于事，最后她被折磨得筋疲力尽，完全失去了反抗能力。

3个多亚雷古人从驼峰上卸下所有的行李，将它们一一打开，拿走了他们认为有价值的所有东西，其中一个还扯下狄娜脖子上的项链。

狄娜眼睁睁地看着这伙野蛮人劫掠，但又无力阻止事态的发生，只得痛苦地闭上眼睛。接着，这个多亚雷古人狞笑着，从腰间拔出尖刀，将她手腕上的动脉割断，狄娜在滚烫的沙砾上挣扎着，鲜血浸透了黄沙，不久，便停止了呼吸。

5 向未知世界进发

▲ 晚霞中行走的骆驼。

1983 年 2 月 25 日，一位脸色憔悴、身体极端虚弱、须发乱得像杂草一样的中年人，骑在一峰疲惫的骆驼上，恍恍惚惚地走进了"瓦拉塔"。早就迎候在这里的英国广播公司西北电视台的制片人阿历斯塔急步走上前去，同他紧紧地拥抱在一起，摄像机立刻摄下了这激动人心的一幕。人们向他表示深深的敬意，因为他闯过了当时尚无人征服的撒哈拉沙漠中的一个禁区——被称为"鬼门关"的阿腊万到瓦拉塔地区。

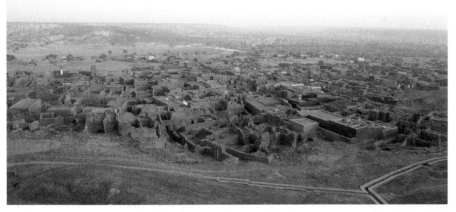

▲ 瓦拉塔（Oualata）是毛里塔尼亚著名的伊斯兰文化古城，9 世纪时，瓦拉塔是西非贸易的重要集散地和伊斯兰文化中心。

把梦想变成现实

特德是英国的一名失业工人。由于一个偶然的机会，他读到了一本有关沙漠探险的书，作者名叫杰弗里·摩尔豪斯。书中叙述了自己于 20 世纪 70 年代初赴撒哈拉沙漠探险失败的经历。其中提到了这个让人却步的禁区。

它横亘于马里的阿腊万到毛里塔尼亚的瓦拉塔地区，相距五百多千米，地形十分复杂。除了一般沙漠气候特点外，还有罕见的雷暴袭击和令人难以想象的暴雨。沙漠中还生活着绿色的蜥蜴、沙狐和甲虫，特别是毒蝎，如果遭到它的袭击，准会全身红肿，甚至丢掉性命。

▲ 瓦拉塔古城建筑的装饰。

杰弗里充满恐怖和危险的经历，加上小时候他读了《圣经》中关于摩西率领以色列人逃出埃及、跨越琐珥沙漠，经过 40 年的艰难跋涉，终于到达加纳地区的故事，为特德编织了一个神奇美妙的梦境。他决心去闯荡沙漠，把梦想变成现实。为此，他放弃了重新就业的机会，全身心地投入到沙漠探险的准备工作中。他找到了从阿腊万到瓦拉塔地区的地图，搜集了有关这一地区的探险资料。

后来，他得到了英国广播公司西北电视台制片人阿历斯塔的资助，终于闯过了这个被称为"鬼门关"的神秘地区。

暴戾的"大漠之神"

这里是"大漠之神"的领地，自古以来，那些入侵这座沙漠王国的人，没有一个不曾受到严酷的惩罚，最常见的是抛骨荒野。然而，残暴的虐杀就意味着无穷的魅力，人们并不会因此而收敛自己的行踪。

黎明，这位英国兰开郡的失业工人，牵着他的两峰名叫"特拉德"和"佩吉"的骆驼，踏上了阿克尔探险的征途。

几天过去了，一切都很顺利。特德心里十分高兴。白天，他骑在驼峰上欣赏着沿途的景色；晚上便钻进睡袋里，既保暖，又安全，很快便可以

进入梦乡。

然而好景不长，到了第五天夜里，他刚刚吃过晚餐，坐在帐篷的门口歇息。只见满天的繁星渐渐隐没，不一会，天边涌起了黑云，大地被盖得严严实实，压得他喘不过气来。突然，银蛇般的闪电撕破夜空，几声霹雳从头顶上隆隆地滚过，紧接着狂风大作，暴雨倾盆，他的帐篷很快被吹得不知去向。为了躲避灾难，他只好趴在地上，等待着大漠之神的惩罚。

大约过了50分钟，雷雨才停止了肆虐。他赶忙爬起来，拧干了湿漉漉的长裤，借着雨后的星光，从几十米远处找到了被暴风卷走的帐篷，然后又将它架了起来。经过几番折腾，他已精疲力竭，四肢麻木，连行动都很困难，忽地一下栽倒在潮湿的沙地上。过了好一阵子，忽然想起自己的伙伴，不知道"特拉德"和"佩吉"的情况怎样。便挣扎着站起来，走出帐篷，找遍了附近每一处可以避风的沙坎，都未发现它们的踪迹。特德着急了，心想，如果失去了牲口，要想走过这片沙漠，将是不可能的。于是，他决定连夜寻找。经过几个钟头的搜索，终于在一处陡峭的坡面上，看到了两个庞大的黑影。特德兴奋得大叫起来：

"是它们，是它们！我的'特拉德'和'佩吉'！"他急步奔过去，几次跌倒在沙砾上。走近一看，两峰骆驼全身被雨水淋湿，正在那里反刍。

回到营地后，他清点行李，发现损失不大，特别是饮水和食物。

惊心动魄的一夜过去了，迎来了又一个晴朗的早晨。一觉醒来，他便匆匆地上路了，生活又恢复了往日的平静和单调。

到了正午的时候，强烈的日光像火一样燃烧。特德在沙漠上艰难地行进，一口一口喘着粗气。连过惯了沙漠生活的骆驼也无法忍受。就这样一直熬到太阳落山，天气才渐渐凉爽起来。可到了夜晚，又冷得牙齿发抖。

挣扎在生死界上

进入阿克尔河，特德身体依然结实，精力充沛。为了保护特拉德和佩

吉的体力，他一直牵着它们步行。可经过几天的折磨后，他的体质急剧下降，后来竟变得虚弱了。为了避免太阳灼伤皮肤，他只得把身躯裹在白色的长袍里。后来实在无力迈开步子，便爬到佩吉的身上。谁知它野性大发，猛的一阵颠簸，将一向疼爱它的主人重重地摔在地上。过了好一阵子，特德才喘过气来，只觉得胸部钻心疼痛。他撑起受伤的躯体，坐在滚烫的沙地上呻吟。这时，又一场暴风卷着沙粒向他扑来，特德几乎忘记了伤痛，使出仅有的一点力气，艰难地爬进了离他不远的一片灌木丛中，才躲过这场灾难。

沙漠旅行中最令人害怕的是断水。没有水，人会活活干死。特德的水罐早在他上路后的第三天便不见了4个，剩下的饮水已经不多了。从此他便节约用水，不是干渴得难以忍受，决不多喝一滴。可是，那个曾将他摔下驼鞍的佩吉又闯了一次大祸。它那只厚实的大脚掌漫不经心地踏破了特德仅剩的一个水罐。他听到水罐破裂声时，简直惊呆了，半晌才猛醒过来，慌忙从佩吉的蹄子下抢过那只破水罐，只见残存的清水从裂缝中淌了出来，很快就渗到干涸的砂石中。见此情景，他伤心得几乎哭出声来，因为这将置他于死地。

这天夜晚，特德便无法像往常一样咽下干硬的食物。饥渴使他无法入睡。

▲沙漠柽树。

他静静地躺在沙地上，朦胧中似乎看见了成千上万的毒蝎将他团团围住，逼得他无路逃生。

特德大吃一惊，猛醒过来，原来这只是一场噩梦。

死亡的恐惧像魔鬼一样缠绕着他。他要保全性命，唯一的办法就是能找到水的替代物。

这时，一点希望的火星忽然闪现在他的眼前，"柽树！柽树！"他大声地叫喊着。

原来，沙漠中有一种名叫"柽树"的植物，树叶又长又尖，液汁浓稠丰富，是骆驼的上好饲料，人也可以用它充饥解渴。

想到这里，生命的火焰又燃烧起来。早晨，不知哪里来的力气，他很快整顿好行装，翻身骑在佩吉的鞍上出发了。走了一程，特德便看到远处的沙丘上挺立着几棵柽树。他高兴极了，心中暗暗感谢上帝的恩赐。后来每逢看到柽树，他就尽量吮吸叶汁。

一个重要的决定

缺水使特德无法吞下干粮，身体日渐虚弱。然而，他既不甘心死亡，更不甘心撒哈拉的恶劣条件挫败他的雄心壮志。特德默默地忍受着精神和肉体上的折磨，支撑着奄奄一息的躯体，在阿克尔的边缘地区徜徉。

死亡已经向他伸出了黑色的魔爪，他无力抗争，也无法逃避。在这生死攸关的时刻，他的情绪虽然有些狂躁，但在尽情地发泄之后，又很快冷静下来，陷入了沉思之中。

就在那一刻，一个重大的决定在他的脑子里形成了。他认定，在缺水的情况下，生存的唯一希望就是改道向西南，向阿默萨尔前进。如果按原定的计划去瓦拉塔，至少还需 3 天。3 天，对一个断水的沙漠旅行者来说，只能意味着死亡。阿默萨尔是瓦拉塔西北的一个水井区，距这里只有 2 天的路程。

已经虚弱得奄奄一息的特德，每天不得不在中午停下来休息。他再也无力架设帐篷了，不等天黑，便钻进了睡袋。

就这样，他又熬过了 2 天，便看到了一溜白色的帐篷。原来，他已走近阿默萨尔，这里距瓦拉塔只有 30 千米了。他高兴得眼泪双流，呜呜咽咽地大哭起来。高喊着："谢谢上帝，我得救了！"

沙漠大探险

▲ "水即是生命。"这是一句多亚雷古谚语。

▲ 一个多亚雷古男孩在一口沙漠水井旁维持秩序，他赶退了口渴的驴子。

牧人送给了特德35千克饮水，他从行李中拿出剩下的食物，饱餐了一顿，便走进了一个大峡谷，后来发现这里没有路，只得返回谷地过了一夜。第二天清晨，才走出了进入谷地的地方，想找到另一条通向瓦拉塔的道路。到了下午，特德实在走不动了，便伏在疲惫不堪的佩吉身上，摇摇晃晃地向前走着，不久，便迷迷糊糊地进入了梦乡。

也不知过了多少时间，一阵奇怪的吆喝声将他惊醒。他睁开惺忪的睡眼，一个充满生命活力的世界立刻展现在他的面前。只见一群肥壮的骆驼正悠然漫步在水井旁，牧人们正向他微笑着走过来。

"啊，这就是瓦拉塔！"为了它，19天来，他历尽千难万苦，差点为此献出了宝贵的生命。

6 唤醒沉睡的沙漠

澳大利亚艾尔斯岩。

▼艾尔斯岩近观。

　　它沉睡在南半球浩瀚的大西洋中，也不知经历了多少流年的荡涤，人们终于唤醒了它——一块漂失在南方的被称为"睡美人"的大陆——澳大利亚。

　　据史料记载，欧洲人第一次登上这块神秘的土地，距今也不过350多年，而早就繁衍生息在这里的亚波利吉尼人的历史进程，至今仍是一个不解之谜。

　　从18世纪殖民初期开始，探险者便向这块鲜为人知的处女地发起了挑战。他们闯入了丛林、高山、江河、湖沼，自然也闯进了沙漠地带。

　　经过近一个半世纪的艰苦奋斗，大陆中部和西部腹地广袤千里的"沙漠王国"，终于被征服了。它被称为维多利亚大沙漠，东西长1200千米，最宽550千米，面积约30万平方千米。

▼维多利亚大沙漠位于澳大利亚内陆西部，是世界第四大沙漠。

闯入无人区

埃尔涅斯特·吉尔斯——一个勇敢的探险家、知识渊博的学者，是他首先向大陆西部腹地的广阔沙漠发起了英勇无畏的挑战。

他的第一次行动始于1872年8月11日，由于准备不周，加上对这里的自然环境、气候变化、淡水资源以及土著部落的风俗习惯缺乏应有的了解，终因遇到难以逾越的障碍而中途停止。但是，吉尔斯并未因此而放弃自己的执著追求。后来，他进行了周密的准备，总结了失败的教训，到了翌年8月，以他为首的第二支探险队又闯进了杳无人迹的沙漠腹地。

◀◀ 埃尔涅斯特·吉尔斯（Ernest Giles）。

◀ 位于澳大利亚库尔加迪的吉尔斯墓地。

这次探险的参加者共有4个人，其中一个名叫吉米·安德鲁斯的少年，是土著部落亚波利吉尼人的子孙。他曾跟随着父兄出入沙海，猎捕袋鼠和其他野兽，对沙漠习性颇有研究。这个满脸稚气的孩子，便成了他们忠实的伙伴。

随着人们的前进，沙漠的狰狞面目也就逐渐暴露在他们面前。除了灼人肌肤的热风之外，就是扑面的沙石，砸得人浑身疼痛，连眼睛也难以睁开。风停了，灼热的空气纹丝不动，又会使人闷得透不过气来。

在这片沙漠里没有人类活动的痕迹，连野兽的白骨也没有。

一切迹象表明，他们是这里的第一批来客。此行的吉凶祸福，实在难以猜测。然而，探险者的崇高使命，就是要敢于跨越前人不曾跨越的领域，只有这样，才能创造历史的奇迹。

前进与退却

由于种种原因，吉尔斯一行只得顺着沙漠的边缘行走，以期补充饮水和食物。走走停停，已经半年多了，还没有惊人的突破。为了改变这种状况，他放弃原来的计划，精兵简从，轻装突进。

1874年4月20日，吉尔斯带着4匹马和7天的粮食、饮水，偕同伴亚夫雷特·吉布森出发了，其他人留在营地待命。

他们的计划是翻过安特马利山，希望在那边发现一个与这里完全不同的世界。经过几天的艰苦行程，他们终于爬上了平缓的山坡。这时，发生了一件令人痛心的大事。他的坐骑倒在地上，再也没有站立起来；到了晚上，又有2匹驮运什物的马死了，只有1匹幸存。少了马匹，行程就更加艰难。第二天，他们只得徒步前进。实在走累了，才轮换着骑。

饮水和食物告罄，使吉尔斯再也无法支撑了。他仰望着安特马利山骄傲的身影，不由得流下几滴伤心的泪水。根据目前的形势，他们实在无法继续攀登。吉尔斯并不认为这是一次痛心疾首的失败。因为他看到了胜利的曙光，似乎只要翻过这座大山，就能望到无边无际的绿洲了，至少会是一片水草丰腴的地方。

吉尔斯不准备硬挺下去，并把自己的想法告诉了同伴。吉布森有些茫然，"天哪，你怎么能做出这样的决定啊！"他大嚷起来，"我们只要翻过这座山，也许就走出沙漠了。"

"也许是这样，然而，要不是这样呢？我们没有了马，没有了食物，甚至没有了水，尽管看到了天边的绿洲，我们却只能死在这座山上了。"吉尔斯心平气和地解释着。最后商定，由吉布森骑马赶回营地，让在那里待命的队员带食物和饮水来接吉尔斯回去。

吉布森沙漠

　　吉尔斯在沙漠里徒步往回走。这时，他已经一无所有了，行走起来倒格外轻快。傍晚时分，便赶到了来时住宿过的一个隐蔽地方。在那里，他们曾存放了水和条形的肉干。吉尔斯将它们取出来。食物和水的巨大诱惑立刻使他精神抖擞，高兴得像孩子一样，在沙子上活蹦乱跳。接着便蹲在地上大吃大嚼起来。

　　这天夜晚，他睡了一个好觉。第二天一早，便背着水壶和肉干上路了。水壶很重，压得他喘不过气来。可如果失去了它，生命就不能延续。想到这里，他咬紧牙关，背着水壶在沙子上缓慢地蠕动。

　　几天以后，他计算行走里程，还不到 100 千米。负重跋涉的疲劳，使他浑身酸痛，加上毒热的太阳，烤得他身上的水分似乎全被蒸发出来了。他只得把剩下的一点水喝光，丢掉了那沉重的负荷。人倒是轻松了许多，但往后的日子便更加艰难了。

▼ 沙漠一般是一片黄沙，而澳大利亚中部的吉布森沙漠却是红色的。红色沙漠形成的原因是，其沙粒中含有铁质，铁暴露在空气中会氧化，变成红色。

求生的欲望促使他继续前进。一天，他意外地发现沙漠中有一株橡树，他便摘了一些叶子胡乱地塞进嘴里。虽然涩口，但毕竟可以填充饥肠。正在这时，他发现了一个巨大的食人蚁穴。据说这种蚂蚁看见人畜便倾巢出动，几分钟后，猎物便会变成一堆白骨。他不禁毛骨悚然，庆幸自己没有成为它们的美味佳肴。

后来，他趔趄地钻进了一片热带丛林。这时吉尔斯已整整 5 天没有进食了。突然，一滩死水躺在他的面前，散发出刺鼻的恶臭。他不顾一切饱饮了一顿，精神有些好转；也许是上帝的垂怜，一只袋鼠忽然从他身边跳过，掉下一个小生命。吉尔斯使出全身力气扑上去将它逮住，撕成碎片，连皮带血大口大口吞食下去。

吉尔斯终于回到了探险的营地。然而吉布森却没有返回。人们推断他是在沙漠中迷失了路途，饥饿和干渴夺去了他的生命。为了永远铭记这位为探查澳大利亚沙漠而奉献生命的勇士，这片荒漠地区后来被命名为"吉布森沙漠"。

亚波利吉尼人

也不知是从什么时候开始，也许就是蛮荒时代吧，亚波利吉尼人的祖先便定居在这里，成为澳洲大陆最早的主人之一。由于历史的原因，他们还没有进入文明的行列。

欧洲人的到来，使亚波利吉尼人面临着新的考验。一方面，他们的生活习惯受到了挑战；另一方面，也给这块闭塞的土地注入了诱人的活力。

外来人的入侵，毕竟是不能容忍的。出于自卫的本能，对敢于闯进他们领地的欧洲人，亚波利吉尼人会给予毫不留情的抵抗。吉尔斯在探查澳大利亚沙漠的过程中，就有过两次危险的遭遇。

第一次是 1873 年的圣诞节，吉尔斯同他的 4 名探险队员正团坐在营地的帐篷里，按照欧洲的习惯吃着牛排、南瓜、乳酪，品尝着香甜的朗姆酒。

▲ 澳大利亚土著妇女（摄于 1928 年）。

▲ 澳大利亚卡卡杜国家公园（Kakadu National Parlk）内一位土著居民正在表演。

正当大家沉浸在欢乐的气氛中时，突然一群亚波利吉尼人大喊大叫地向他们袭来。吉尔斯慌忙走出帐篷，只见为头的竟是一位老人。他左手拿着长矛，右手舞动着短棒，指挥部众冲锋陷阵。

老人冲着吉尔斯骂道："你们这伙丑类，真是胆大包天，竟敢闯入我们的领地！难道不要命了吗？"

吉尔斯向他们再三解释，说是来帮助他们建设家园的。老人根本听不进去，下令部众发起攻击。吉布森见势不妙，便拔出短枪，啪啪两响，子弹从老人的肩部擦过，打在身后的红色沙石上。亚波利吉尼人从来没有见过这种神奇的怪物，吓得再也不敢前进半步，相持了一阵之后，便四下逃走了。

1875 年，吉尔斯再次闯进了他渴望征服的澳大利亚沙漠。这次，他在乌拉林格地区险些丧命。

　　亚波利吉尼人似乎懂得了刀矛敌不过枪弹，便设置了一个圈套。起初，他们对探险队表现出极大的热情，和睦相处，还带领他们考察。

　　部落中有一个聪明伶俐的 10 岁女孩，深得队员们的欢心，经常在营地玩耍，大家待她也像自己的小妹妹一样。

　　过了几天，亚波利吉尼人的向导几乎同他们形影不离，白天外出考察，夜晚回到帐篷品尝欧洲人爱吃的美味佳肴。一次，探险队的晚餐刚刚开始，其中一个亚波利吉尼人便借故离开了营地。小女孩见此情形，突然吵嚷着要吉尔斯叔叔带她外出散步。吉尔斯再三抚慰，说等吃完饭后便带她去看星星。小女孩就是不依。突然她停止用餐，走到吉尔斯身边，用奇异的眼神望着他，还用嘴巴向外面示意。这些反常的动作未能引起他的警觉。女孩见吉尔斯没有反应，便生气地跑出帐篷，人们便跟着追了出来。这时，惊人的一幕立刻出现在探险队员的眼前，100 多个手持盾牌和长矛的亚波利吉尼人对他们的营地摆开了半月形的包围阵势，并正向两翼扩展。

▲ 绘于 1857 年的反映澳大利亚土著居民生活的画作。

当亚波利吉尼人看见吉尔斯和他的队员站在帐篷出口时，便一股脑儿放箭。一向文质彬彬、具有学者风度的吉尔斯本能地掏出手枪，其他队员也做好了射击准备。一声令下，十几支枪口对准亚波利吉尼人的胸膛嘶鸣起来。自然，掌握先进火器的欧洲人未死伤一人就取得了这次战斗的胜利。事后，他们找到了那个女孩，原来她早就知道自己族人的袭击计划，那晚的反常举动正是为了警示吉尔斯及早做好应变的准备，只是有一个亚波利吉尼人在座不便明说。多年以后，吉尔斯仍然惦记着那个充满稚气、天真活泼的亚波利吉尼姑娘。

这次探险，吉尔斯取得了超常的成功。他不仅穿越了维多利亚大沙漠，而且再一次接受了吉布森沙漠的挑战。1876 年 6 月 30 日，吉尔斯和他的战友，终于安全抵达了皮克河。

▼ 艾尔斯岩（Ayers Rock，当地的澳大利亚土著居民称它为 Uluru，意思是 "见面集会的地方"）位于澳大利亚中北部，是世界上最大的独体岩，也是澳大利亚沙漠的标志。

7 神秘的阿拉伯沙漠

白色沙漠（White Desert）位于埃及首都开罗西南部，到处都是石灰石，长期分化后，沙漠表面几乎都是类似被压得粉碎的粉笔模样的沙砾。

　　沙特阿拉伯王国的麦加和麦地那，是阿拉伯半岛上两座充满宗教神秘色彩的古城。这里是伊斯兰教的发源地，也是伊斯兰教创始人穆罕默德的故乡，被穆斯林尊为圣地。

　　对伊斯兰教的信徒来说，能到这里来观光朝觐，是他们一生中最大的愿望与荣耀。

　　在古巴比伦语中，"麦加"就是"像"的意思。的确是这样，穆斯林来到这里，就像回到老家一样自在。

▲ 麦加城内朝觐的人们。

　　按照伊斯兰教的传统认识，穆罕默德是真主的唯一使者。如果异教徒胆敢入侵这块圣洁的土地，便是对真主的不敬。

　　然而，越是神秘，就越具有魅力；越是危险，就越能引发狂热的追求。多少世纪以来，许多欧洲人不惜以生命作赌注，闯入这块圣洁的土地。对他们来说，到阿拉伯地区旅行，潜在的危险和困难是巨大的。不仅要跨越浩瀚无际的阿拉伯沙漠，还要同强悍的土著民族周旋，稍不注意就会丢掉性命。

　　那些早期到阿拉伯探险的欧洲人，大都有着传奇的经历，尽管这些人中间有的成功了，有的失败了，但他们对未知世界的憧憬，不达目的誓不罢休的勇敢追求，都是人类精神的财富。

混入马姆尔克卫队

　　16世纪初，意大利探险家路多维科·第·瓦哲马准备冒着生命危险，以非穆斯林的身份到麦加去朝觐。

　　他在开罗学习了阿拉伯语，还给自己取了个阿拉伯名字——犹诺斯。

同时，他宣称自己是马姆尔克人。他以自己的机智和对阿拉伯风土人情的熟稔，终于骗取了马姆尔克护卫队队长的信任，并建立了深厚的友谊。因此，他轻而易举地混进了马姆尔克护卫队，当了一名骑兵队员。

一直到他离开，没有人看出他是一个异教徒。因为马姆尔克人的祖先据说来自欧洲，他们的长相自然与瓦哲马有相似之处。

马姆尔克护卫队护卫着一支庞大的朝觐者队伍，向着麦加方向前进。

这支由 4 万人组成的虔诚的穆斯林队伍，加上 3 万峰骆驼在沙漠里浩浩荡荡地前进，要解决吃喝问题是一个很大的难题。经过几天艰苦的行程，他们终于到达了多玛城和摩拉之间的山谷里。这地方虽然有绿色植物，水资源却十分贫乏，大家只好排着长队在一口贮量很少的水井边舔着干枯的嘴唇，希望轮到自己喝上一口救命的甘泉。

正在这时，一次意外的灾祸降临了。

贝都因人是当地的强悍土著民族，仗着自己的能力驰骋沙漠，劫掠过往客商。

这次朝觐者似乎并不担心贝都因人的袭击，因为自己人多势众，加上还有马姆尔克卫队武装护送，自然可以高枕无忧。谁知贝都因人瞄准了朝觐者的 3 万峰骆驼和他们随身携带的包裹行囊，就在护卫队的眼皮底下进行劫掠，抢走了大批骆驼和财物。

尽管队员们义愤填膺，个个端起枪支，但都被足智多谋的队长喝住了。瓦哲马的眼睛虽然冒着怒火，但他知道，这是一场战斗，没有指挥员的命令是不能动手的。

队长的禁令是有理由的，因为双方混杂在一起，如果开枪，就像两军混战时使用大炮一样，虽打死了对方，也伤害了自己。

护卫队受命集中在一溜沙丘的后面，队长作了紧急部署。

贝都因人作梦也没有想到，就在他们满载着抢劫的财物而凯旋的路上，中了护卫队设下的埋伏。一排黑洞洞的枪口，对准了那帮趾高气扬的强盗。顿时枪声大作，雨点似的子弹射向贝都因人的队列。许多贝都因人还未明白过来，便倒在血泊中，残存者迅速丢弃不义之财，逃得无影无踪。

战斗结束，已日落西山。打败贝都因人的消息很快在朝觐者的队伍中传开了。那些惊魂未定的穆斯林信徒，一个个虔诚地匍伏在地，口诵经文，感谢真主的保佑。瓦哲马也像

▲ 阿曼的一个贝都因人家庭。

一个顶天立地的英雄，威武地站在朝觐者队伍中间，俨然一位解民倒悬的救世主。

他们打败了贝都因人后，仅停留一天，便离开了这座山谷，在沙漠里跋涉了好些日子，才走到了海巴尔绿洲。这是一片美丽的草原，有树木、草地，还有五颜六色的野花。这里的土著多以放牧为生，过着原始时代的生活。

在海巴尔，瓦哲马看到了两只雉鸡，这是进入沙漠后第一次见到飞禽。作为生命的象征，在这酷热的沙漠里，只有它能为护卫队员灌注激动人心的活力。

也许正是有了这种活力，瓦哲马始终跟随朝觐者的队伍，又经历了许多艰难曲折，总算到达了圣地麦加和麦地那，实现了自己的愿望。

▼ 麦加朝觐，中间黑色的建筑即为天房。

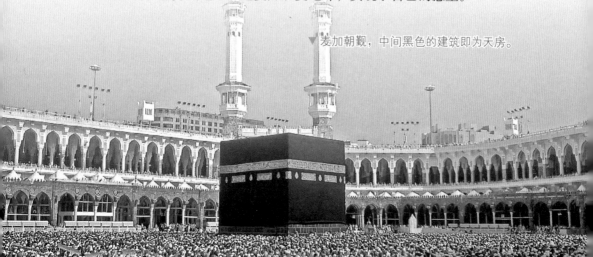

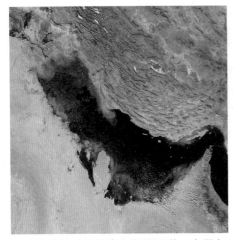

▲ 波斯湾是重要的海上贸易通道，由霍尔木兹海峡通往印度洋。

在麦地那，他换上了伊斯兰教徒朝觐时穿的服装，参拜了葬有穆罕默德遗骨的清真寺院。后来又到麦加，同朝圣者一道，参加了各种朝圣仪式，参拜了圣殿克尔白、穆罕默德的最初传道处以及他的第一任妻子和祖父的坟墓。

这位胆大包天的异教徒在获得巨大的精神满足后，便决意离开马姆尔克人的卫队，到世界各地旅游。这需要见机行事，因为，在马姆尔克人看来，这意味着背叛，要受到严厉惩罚。

在返回大马士革（现为叙利亚首都）的途中，瓦哲马瞅准了一个单独行动的机会，一溜烟逃到了现沙特阿拉伯红海沿岸城市吉达，化装成一个满身泥污的流浪汉，躺在清真寺的院子里，并和乞丐们一道沿门求食。

后来，他终于登上了一艘开往波斯湾的航船，开始了周游世界的新的旅行生活。

瓦哲马在探险史上的地位，不是因为他跨越了内夫德沙漠（在沙特阿拉伯北部），而是因为他是跨越沙漠后又胆敢闯入伊斯兰圣都——麦加、麦地那的第一个非穆斯林。

乔装的阿拉伯人

对于阿拉伯世界来说，你要想真正了解它，最好就是做一个阿拉伯人。

英国船员约瑟夫·彼茨离开了蔚蓝的大海，鬼使神差地只身闯入了神秘的阿拉伯世界。他甘冒天大的风险，哪怕是肝脑涂地，也要像那些虔诚的穆斯林一样，让自己的灵魂飘到圣都的上空，朝拜真主安拉和他的唯一使者穆罕默德的圣迹。

　　沙漠里白天热得人心胸窒息，夜晚又冻得人浑身哆嗦。不几天，他的双腿便麻木得不听使唤了，水壶里再也倒不出一滴水来了。傍晚时分，他颓然地坐在一座小沙丘上。心想，今晚要是赶不到阿尔乌拉绿洲，准会死在这里。他支撑着疲惫的身子，望着天上引路的星星，不断地用六分仪修正方向，直到他看到周围的沙丘已经远远地退到后方、前面展现出一片生意盎然的绿洲时，彼茨高兴得情不自禁地欢呼起来："啊，绿洲！你是上帝的化身！"

　　所谓绿洲，也不过是沙漠里的一片水草丰美的地方，有水井和水槽，还有几处专供骆驼商队洗涤衣物用的小水潭。一个用枯草树枝搭成的驿站，供应食品和其他生活用品。

　　这天下午，彼茨在小水潭边洗涤衣物，遇到了一位身着白袍、头裹白巾的阿拉伯老人。他打着手势，口里不停地说着话，彼茨一点也听不懂他说的意思。过了好一阵子，才从手势和几个熟悉的词语中猜出老人是在问他的籍贯，从何处来，往何处去，为什么单独行动。彼茨镇定地回答了老人的提问，谎称自己的父亲是阿拉伯望族的远房亲戚，幼年时流落到了欧洲，自己是回麦加探亲的，希望得到老人的指点。

　　这位阿拉伯老人对他说："孩子，你如果说的是真话，真主是会帮助你的。但是，当一个阿拉伯人不是一件容易的事。你必须懂得伊斯兰教的教义，否则，阿拉伯的子孙是不会把你看成朋友的。"

　　"尊敬的长辈，我非常感谢您的指点。不过，我自幼生活在异邦，别说是伊斯兰教教义，就连阿拉伯语言也是小时候从父亲那儿学的，现在已经忘得差不多了。"

▲ 头巾是阿拉伯男子的标志性服饰，有的还会在头巾上加个头箍。

　　彼茨颇似诚恳的叙述，终于打动了老人的心。他被留了下来，换上阿拉伯人的传统服饰。每天，他给过往的客商和去麦加朝觐的穆斯林准备用水和食物。彼茨的言谈举止、生活习性，很快就与阿拉伯人一模一样了。

　　此后，他告别了与他相处一年多的阿拉伯老人，独自迈向麦加朝圣的漫漫征途。

　　第二天，他经历了一次严重的考验，险些送掉了性命。上午，空气像凝固了的铅水，纹丝不动。彼茨闷得心里发慌，便拿出水壶狠命地喝了几口，准备找个背阳的沙丘旁歇息。这时，天边升起了一堵乌黑的云，一会儿弥漫了整个天空。"这是风暴！"彼茨高兴得大叫起来。沙漠里的旅人谁不渴望普降甘霖呢，即使落不下雨，起阵凉风也是好的。顷刻间，只见黑云翻滚，狂风呼啸，涌动的黄沙，就像大海里的波涛起伏。彼茨想找个地方避避风头，可还没来得及起步，一道闪电划破了天宇，霹雷在他头顶炸开了。彼茨吓得下意识地用双手抱着脑袋，恨不能找个地洞钻了进去。过了好一会，他的神智才清醒过来。只见前面不远处一棵干枯的胡杨，已被雷电劈成两半，在瓢泼的大雨中冒着青烟。

　　彼茨终于走到了麦加，并以伊斯兰教徒的身份参加了一系列的朝觐仪式。伊斯兰教创立人穆罕默德公元 570 年诞生于此，也是伊斯兰教的发源地。城内著名圣殿克尔白被称为"天房"。公元 623 年克尔白被定为穆斯林朝拜方向后，它就成为全世界穆斯林朝拜的中心。置身于那种庄严肃穆、宏伟壮观的场面中，他真的被感动了，懂得了什么是宗教以及宗教的巨大精神力量。因为跪在圣殿前的信徒，很多人都是经历了千山万水和沙漠生活的煎熬，才来到这里的。

▲ 先知穆罕默德将黑石放置在斗篷上，当时正值克尔白重建（绘于 1315 年）。

他死在返程途中

19世纪初，一位名叫乌尔里齐·亚斯帕·希辰的德国生物学家，踏着前辈欧洲人的足迹，加入了去阿拉伯探险的行列。

时代发展了，科学进步了，他的探险活动也许会比前人顺利得多。然而，沙漠的自然环境依然如故，民族和宗教的偏执情绪仍然笼罩着那块神秘的土地，希辰不得不把自己装扮成阿拉伯人，以减少途中不必要的麻烦。

也不知是为了获得传说中希巴女王所拥有的宝藏，还是为了某种猎奇心理的需要，几个世纪以来，不知有多少欧洲人葬身在这片干热的土地上。与前人相比，希辰的探险具有更多的学术性质，他不是为了宝藏，也不是为了猎奇，而是为了完成一次沙漠植物种属的系统调查。

▲ 希巴女王会见所罗门王（绘于1890年）。

沙漠里的生活艰苦异常。一次，希辰决定在一个沙丘背后过夜。他放下背包，抚平沙子，准备安放睡袋。一只小蜥蜴突然蹿了出来，希辰敏捷地捉住了它，毫不犹豫地拔出小刀，割掉它的脑袋，然后用嘴含住颈部，吱吱地吸起血来；又连皮带肉将它全部吞进了肚里。接着又抓住了几只，同样吞进肚子。

谁能说希辰是一个野蛮人呢？当然不是。在特殊情况下，文明人也会跟野蛮人一样，过着茹毛饮血的生活。

那天夜晚，他睡得很香很香，可一觉醒来，发现大半截身子已被流沙埋没，行囊也不知去向。他费了好大力气，才挪出身子。举目四望，整个沙漠已经重新作了安排，原来的高丘变低了，而低洼的地方又高了起来。

希辰丢了行囊，并不痛惜。令他痛心的是，行囊里装有他一路采集的植物标本。这是他心血的结晶，也是他此行的唯一目的。还有两大本旅行笔记，记载了沿途的民俗风情、宗教习俗、山川形胜、沙漠景观，那是人们了解和研究阿拉伯社会的珍贵资料。这些损失，是无法用金钱来计算的。

经过一个多小时的搜寻，终于从沙土里找到了行囊。希辰高兴得简直快要发疯了。他狠命地喝了几口甘甜的泉水，又从行囊中拿出日记本，写下了这个值得铭记的幸福时刻。

在内夫德沙漠中，他还遇到了一次罕见的沙暴。幸运的是他没有葬身沙海。

希辰终于在历尽千难万险后到达了目的地。由于他的装束、语言，以及对伊斯兰教典、礼仪的熟习，很快得到当地阿拉伯人的热情接待。他混杂在庞大的朝觐队伍中，有幸参观了圣地麦加和麦地那。这时，他把考察的范围从单纯的植物学领域扩大到了对阿拉伯历史、宗教、民族习俗等多领域的研究，取得了令人惊诧的成果。麦地那原名叶斯里卜，公元 623 年穆罕默德率教徒自麦加来到这里，改称麦地那，意为"先知之城"。城内有著名的"先知寺"，相传为穆罕默德所建。他死后即葬于寺内。

探险成功的喜悦使他忘记了旅途的疲劳。他只在圣都滞留了几天，便踏上了返回祖国的征途，因为他急于把自己的考察成果整理成一部巨著，展示长期以来人们渴望了解的充满未知数的沙漠中的神秘世界。

有一天，他走到了泰兹附近的绿洲，准备在这里休息后继续赶路。谁知一伙狂热的穆斯林看出了破绽，命令他交代自己的"罪行"。希辰再三表白自己善良的心迹，绝没有任何亵渎神灵的举动。这伙人认为非穆斯林擅自闯入圣地冒犯了穆斯林教义，必须受到严厉的惩罚。

希辰感到无法挽救，只得拔腿逃跑。阿拉伯人紧追不舍。他被迫逃进了一片沼泽地。泥淖很快淹没了他的大腿、躯干，不一会，连头也看不到了。

一个勇敢的探险家、学者，就这样怀抱着他的理想、累累的果实，连同他的生命，一起被活生生葬送了。

8 马克夫妇的奇遇

沙漠绿洲中的高大乔木。

卡拉哈里沙漠，位于非洲南部，主要在博茨瓦纳和纳米比亚境内，海拔700~1000米。在这广阔的地表上，到处都覆盖着黄色的沙子，间或有稀疏的灌木。

有一条迷幻谷地带，据说是一条古河道演化而成。

为什么叫这么个令人神往的名字呢？原来，这沙丘的洼底是一片灰板岩地。从上望下去，就像是一个巨大的湖泊。沙坡上面长满了野草和荆棘，顶上覆盖着树林。植物根系的固定作用，控制了沙丘的流动，许多迁徙的水鸟都会降落在谷底，

▲ 纳米比亚境内的卡哈拉里沙漠。

这就是布希曼人把它称为迷幻谷的原因。另一种说法则认为，这里的动物、昆虫种类很多，其中有些动物在地球上已濒临灭绝，却能在这里繁衍生息。它们生活习性、内部关系等奥妙无穷，不为人们所知，具有迷离魔幻的色彩，所以才得了这个名称。

就在这个充满冒险、也充满离奇色彩的地方，从1974年春天开始，在美国加利福尼亚州立大学读书的马克夫妇，一住就是7年。

"绿眼怪"的秘密

一天，马克和他的妻子迪莉亚从野外考察归来，迷失路途，未能在天黑以前赶到宿营地点。夜幕已经从四面降落。马克小心驾驶越野车，用前灯探视前进的道路，希望尽快找到宿营的处所。突然，迪莉亚惊叫起来：

"看，一个怪影闪过去了！"

马克朝着迪莉亚指的方向看去，只见一双瞪得老大、令人惊奇的眼睛，从汽车灯的光束中反射过来。他清楚地看出是一个黑乎乎的怪物，随风飘起的长长毛发在光影中飞舞。这只动物站立起来时只有1米多高，脑袋很大，后腿粗短，拖着一条毛茸茸的长尾巴，很快便消失在黑暗中。

为了看个究竟，马克加大油门，紧追不舍。这东西逃跑的速度快得惊人，就像风驰电掣一般，一会儿便无影无踪。

这意外的发现，使马克感到分外激动。回到营地，便和迪莉亚打开动物手册，在南非科目中查找到了一种叫"绿眼怪"的动物，书中描述与他们见到的形象完全不同，图画也没有近似之处。

第二天，他们驱车走访了当地牧民，也没有得到满意的回答，因为牧民压根儿没有见到这种动物。尽管如此，马克和迪莉亚仍然断定，这种动物非同寻常。顺着动物王国的"户口"查访，他俩一致认为这是一种土狼——一种在地球上鲜为人知而且濒临绝迹的大型珍稀食肉动物。这一发现，使他们欣喜若狂。原来，这种动物的生活习性、繁衍生殖等情况，人们至今仍然一无所知。因此，追踪考察这种动物，是一项极有意义的工作，也是对动物学的重要贡献。从此，他们便把跟踪考察这种动物作为此行的首要任务。每当夜幕降临之后，马克和迪莉亚便驾着汽车外出寻访，从不间断。10个月过去了，一天夜里，他们的汽车闯入了一片荆棘丛生的地区。在耀眼的灯光下，几只上次发现的怪兽正在撕裂一只腐臭的羚羊尸骸。不久，它们又躲在灌木丛中，向一只失群的羚羊发动了攻击，直至将它撕碎全部吞食。

夫妻俩回到营地后，那些难得一见的群兽猎食的精彩表演，成了他们彻夜长谈的话题。因为他们的发现，纠正了近几个月来的研究报告中有关棕土狼个性孤僻、独来独往、专食腐尸的论断。实际上，这种奇异的动物也有群体关系，而且不是专食腐尸，有时还成群结队躲在树丛中，突然向较大的动物发动攻击。

还有一次，也是一个月黑的夜晚，他们把汽车停在一片草丛中。随着一阵潮湿的晚风，忽然飘过一股羊肉腥味。借着汽车射出的光束，只见10多只豺狼

▲ 土狼（aardwolf），外形与鬣狗相似，主要分布于非洲西海岸及南部。

向林子里狂奔，不远处站着一只雌性的棕土狼。显然，羚羊被豺狼咬死后便成了棕土狼的战利品。棕土狼赶走豺狼后，便叼起羚羊的残骸蹿到林子里去了。

在返回的路上，他们又发现了一只前额有一块白色毛发的棕土狼，并给它取名为"小白星"。说来也真奇怪，到了第二天，他们又在昨夜的那片林间遇到了这个小伙伴。它可怜巴巴地站在汽车面前，一动也不动，看样子，像是昨晚同其他动物搏斗过。马克立即拿起摄影机，从不同的角度拍下了几张珍贵的照片。接着，他又走近"小白星"的身边，用手掌抚摸着它那零乱的毛发，然后在它的腋下装上了一个小小的无线电发报器，才将它送进丛林。

3年后，"小白星"已经11岁了。马克和迪莉亚通过无线电仪器的指示，终于找到了它及其家族成员居住的洞穴。从此，这种奇兽群体的秘密遂被揭开了。

原来，棕土狼有着独特的群体关系和"风俗"。为了繁殖和抚养后代，它们必须依靠群体的通力合作。雌性的主要任务是生育后代，每年只允许一只雌狼产仔，其他个体，都必须为幼仔觅食。当然，公狼也不能例外。这就是它们维系群居生活与独居生活的纽带。

这种生活"风俗"，在其他动物中是少见的。因此，马克夫妇的探索，为动物学增添了新的篇章。

犀鸟·蜥蜴·角马

卡拉哈里沙漠的雨季到来了，这年的降水量创造了前所未有的纪录，使这块上千平方千米的土地上，草木像发疯似地猛长，形成了一望无际的"青纱帐"。人们从中间穿过，只要相距几米，就彼此见不到身影。然而旱季一到，这片碧绿的原野，便又很快成了一片枯草地。

这里的阳光炽热灼人，据说只要角度适宜，一颗露珠的聚焦便可引发一场燎原的大火。

这样的事情终于发生了。一天清晨，马克看见东方升起了一股直入云霄的紫色烟柱。凭着直觉和经验，他知道一场横扫沙漠的大火就要"光临"了。

这场大火整整烧了两个星期，也蔓延到了迷幻谷地区。只是因为谷底可供燃烧的东西不多，所以火势逐渐减弱。他们虽未受伤，但也受到损失。为了抢救用生命和血汗换取来的探险日记、资料以及照相器材，马克几次冒险冲进营地，钻进汽车，把它开到安全地区，用沙子扑灭了车上残存的火星，总算逃出了险境。

自从经历了这场大火之后，马克和迪莉亚发现，失去了绿色屏障的营

▲ 金合欢广泛分布于热带和亚热带地区，尤以大洋洲和非洲的种类为多。

地完全暴露在风沙之中，长期在这里生活将对科学考察工作带来不利的影响。经过多次勘察，他们决定把营地安置在一块未被火燎的绿洲上。这里长满了枣树和金合欢，底下盘根错节地纠缠着一层野草和其他藤蔓植物。帐篷外一条小径通向林子间的空阔地，他们将聚积在地上的枯枝败叶收拾干净，搭起了一座小小的厨房。整个营地被草木遮盖得严严实实，就连长颈鹿想伸进头来，也难以找到一个树枝稀疏的地方。

第二年的雨季又到来了，马克要开车外出采购生活用品，来回需要几天的时间。迪莉亚不愿同他前往，执意留下来看守营地。长期的野外生活，使她变得大胆、勇敢，而且学会了摆弄武器。至于旷野里难耐的寂寞，她不止一次地领受过了。迪莉亚学会了同大自然对话，必要时，她把自己的身心完全融入到大自然中去，还有什么比这种境界更令人开心的呢！

马克走后，迪莉亚干完了当天的工作，已是下午3点了。她看准了一片浓荫覆盖的地面，便切了几片新烤的蒜香面包，悠然自得地坐在小凳子上品味起来。

突然，一只黄嘴犀鸟像孩子给大人逗乐一样，从浓密的合欢树叶中钻了进来，落在她的头上，拨弄着她的长发，而且不时地振动双翼，搅得迪莉亚不得安宁。它在这里是可以随意捉弄人的，而且绝对不会遭到人类的报复和伤害。

不久，其他几只犀鸟也跟着飞了过来。难怪马克把先前的那只取名叫"酋长"。只要它一点头，其他的犀鸟自然跟着仿效。于是，迪莉亚的肩上便一边站了一只。因为坐席已满，后来的4只只好"屈尊"站在她的腿上了。这伙目无人类的鸟儿，很不安分，总是摆动着长长的硬嘴壳，这里锄锄，那里啄啄，毫无顾忌。有时还飞到迪莉亚的对面，用深情而狡黠的目光，久久地凝视这位慈祥而孤独的异乡朋友。

还有一位不速之客，几乎同她形影不离，那就是一只大蜥蜴。每天晚上，它便钻到主人床头放置着的一个空箱子里睡大觉。如果初次见面，准会吓得人倒退几步。然而，这是一种有益的动物。它性情温和，从不袭击人类，甚至可以说是人类的忠诚卫士。胆敢入侵帐篷的昆虫，不论有毒无

沙漠大探险

毒，都会毫不例外地葬身在它的口腹中。它勤奋、勇猛，反应敏捷，技术熟练，是一个上等的猎手。所以，每当它光临的时候，迪莉亚总是表示出极大的热情，为它清除路障，打开箱子，甚至还向它招手致意。

▲角马大迁徙。到了旱季，草会被晒干，为了寻找新鲜的草料，角马不得不聚集起来，成群结队地去寻找食物。

在迷幻谷里，迪莉亚还有幸看到了一个盛大而激动人心的场面，那就是成千上万的角马从她的眼前奔驰而过。

这种动物身躯很大，脑袋与牛头类似，所到之处，大地立刻沸腾起来。马蹄的声响，宛如擂起了万面战鼓，飞起的尘沙，弥漫着千里荒原。这壮观的场面，令她激动非凡。她打开无线电，禁不住大声欢呼着："马克，几万只角马！有几万只，它们从营地前方通过，你知道吗？我看见了！"

不过，这只是一种由好奇心引起的兴奋，她当时并未意识到自己幸遇的是人类有史以来角马的第二次大迁徙。至于这种大规模的倾族移居出于什么原因，人们尚不得而知。也许是生存环境的改变，迫使它们背井离乡，或者是出于某种本能。它们凭着感觉，一个劲地向北狂奔，像汹涌的潮流，势不可挡。

突然，马群停止了滚动。原来在它们的前方出现了一条用金属网布成的障碍物。这是环绕在卡拉哈里禁猎区北界的口蹄疫控制栅，东侧和西侧已跟沙漠的其他围栏连在一起，总长度超过800千米，角马无法通过。出于求生的本能，它们只得沿着栅栏向东移动。饥渴在无情地袭击着它们。

▲角马主要分布在非洲，十分常见，几乎所有的非洲国家公园都能见到。

这次长征，使它们的队伍损失惨重，那遍地的尸骸和累累的白骨，奏响了一曲动物界为生存而顽强拼搏的壮烈颂歌。据有关报告称，仅1983年，就有6万多匹角马死于大迁徙途中。

夜幕中的狮吼

在卡拉哈里，看到狮子是不奇怪的。马克和迪莉亚曾不止一次地驾着越野车循着吼声去追踪狮群，或是躲藏在隐蔽的地方，观察它们捕猎食物的情景。

▲ 狮子是群居动物。这个狮群包括两头雄狮和一头雌狮。

一天清晨，马克被一声沉闷的吼声惊醒。他连忙从睡袋里探出脑袋，只见一头巨大的雄狮从几米远的地方大摇大摆地走了过来，眼睛直勾勾地盯着他。马克下意识地将头缩到睡袋里，等待着不幸事件的发生。然而，出人意料，狮子在离他不到半步远的地方便转身了。接着，他又发现在营地的四周不远处，还有9头狮子，在酣然大睡。原来，昨天晚上，他们是和一伙凶猛的食肉动物、号称百兽之王的狮子同住在一起的。他们虽然没有受到伤害，但以后谈起这件事情来，仍然不寒而栗。

到了迷幻谷，碰到狮子的时候也是很多的。不过，他们外出考察，身上都带着防身武器，而且总是两个人在一起，所以并不害怕。迪莉亚虽然是个女性，但也机智、大胆，从不向困难低头。

马克外出已经好几天了，这些日子她独自在帐篷里把所有的探险日记整理了一遍。直到下午5点，还不见丈夫开车回来。迪莉亚忐忑不安。到了黄昏时分，她去厨房准备晚餐，刚走到通向那块空地的小径上，便看见不远的树林间有7头狮子在悠闲地散步。其中1头雄狮走在前面，摇晃着斗大的脑袋，抬起宽大的脚爪，一步一步地踏着，显得十分稳沉，逍遥自在。迪莉亚见此情景，不觉毛骨悚然，赶紧猫着腰爬进了帐篷，从窗口里监视外面的动静。

也许今天的情况特殊，迪莉亚确实有些胆怯。这大概是孤身一人的原因吧。平时遇到这种情况，有马克在身边，她感到浑身都是勇气，而现在只有她一个人，如果狮群发动攻击，后果便可想而知了。

夜幕从四面八方合拢，迷幻谷消失在黑暗中，大地寂静得有些吓人。迪莉亚警惕地监听着外面的动静，连粗气也不敢喘一口。过了一会儿，她似乎听到帐篷外传来了狮子的脚步声。"是的，一点也不差，"她自言自语地说，"而且离帐篷越来越近了。"

▲ 狮群一般由雌狮猎取食物，雄狮只在它们年轻时，鬃毛还没有完全成熟时狩猎，因为深色的鬃毛使它们比较容易被猎物发现。

这时，她脑子乱作一团，想不出更好的应对措施。突然，她觉得自己应该躲进那口冰铁制成的衣箱里。于是七手八脚将衣服抱出来，撒了一床。她寻思着，如果情况紧急，应该马上躲进去。

不久，她又听到树枝折断的劈啪声，帐篷的一角便晃荡起来，紧接着是一声惊天动地的咆哮，一头狮子开始咬着帐篷的牵索拽拉。其他几头狮子也在周围踱步，发出响亮的喷鼻声，好像在为它们的头领呐喊助威似的。

迪莉亚正要跨进铁箱，猛地听见远处响起了清脆的汽车喇叭声。

"汽车！准是马克的汽车！"她心里一阵高兴，忍不住大叫起来。

说来也怪，别看这些庞然大物，你要动起真格来，哪怕是一阵狂呼，它们也不敢同你较量。在马克的汽车灯光里，迪莉亚看见那头雄狮，带领它的大小喽啰们，悻悻地排着纵队向林间走去了。惊人的一幕总算结束了。

不久，他们带着自己的考察成果和对卡拉哈里沙漠的无穷眷恋，回到了阔别 7 载的祖国，向科学界和野生动物保护组织宣布自己的考察结论。在报告中，他们要求人们要珍视不可多得的野生动物资源。

马克和迪莉亚可以抛弃一切世俗的纠缠，却无法摆脱迷幻谷那充满神奇和诱惑的巨大魅力。他们在加州大学完成博士学位后，又回到了迷幻谷，回到了那些同他们难分难舍的野生动物身边。

9 穿越 "死亡之海"

塔克拉玛干沙漠南部横跨昆仑山脉和阿尔金山脉之间的一个庞大的冲积扇。左边是冲积扇活跃区域，蓝色为水流。

　　塔克拉玛干是我国最大的沙漠，也是世界上第二大沙漠，又叫塔里木沙漠，位于我国新疆南部。它东西长 1000 千米，南北宽 400 千米，面积约 32.4 万平方千米，从几千米的高空俯瞰，就像一条金色的缎带。沙漠里自然环境恶劣，气候变化无常，流沙面积属世界之冠。这里还因沙丘种类齐全被称为"沙丘博物馆"，即使是世界上最大的沙漠——撒哈拉也不能同它相比。

　　塔克拉玛干，维吾尔语是"进去出不来"的意思。传说那里是"沙妖风怪"的领地，人类是禁止入内的，如果有谁胆敢冒犯它，定会受到严厉惩罚，绝不能活着出来。可见沙漠探险是多么需要勇气和胆量。然而，它的神秘，又充满了诱人的魅力。长期以来，为了征服这片浩瀚的沙海，虽曾有过从南到北跨越的先例，但却没有人从东到西横贯它的全境。

斯文·赫定的遗憾

　　1895 年 4 月的一天，在塔克拉玛干沙漠的深处，有两位疲惫不堪的旅人，在滚烫的砂砾上艰难地移动着脚步。在前面的人叫斯文·赫定，后面跟着的是他经过几天沙漠之旅后仅存的一名仆人。

　　斯文·赫定是瑞典著名探险家，这年 30 岁。少年时代，他沉浸在探险家描述的幻景中，一心想去北极旅行。他去过俄国的巴库，到过波斯的一些地方。回到瑞典后，出版了自己的游记，引起了社会的关注。

　　1890 年 4 月，他以翻译的身份，跟随瑞典外交使团来到了德黑兰（现为伊

▲ 斯文·赫定（Seven Hedin，1865—1952）。

沙漠大探险

▲ 沙漠中某些河床沿岸及冲积扇边缘分布有以胡杨、红柳等为主的天然植被，形成沙漠中零散状断续分布的天然绿洲。

朗首都）。在即将回国时，他心里产生了一个愿望，想利用这次难得的机会，走进沙漠，登上青藏高原，实现自己到亚洲大陆中心探险的梦想。在瑞典国王的支持下，他的愿望后来终于变成了现实。

在斯文·赫定的探险生涯中，横穿塔克拉玛干大沙漠是最艰险、也是令他最难忘的一次冒险行动。

1895 年 2 月 17 日，斯文·赫定离开南疆的疏勒，沿着喀什噶尔河向东行进，然后顺着叶尔羌河的河床转向西南，于 3 月 19 日到达塔克拉玛干沙漠西部边缘的麦盖提。在这里，他进行了探险前的准备工作。

4 月 19 日，斯文·赫定带领 4 名仆人，牵着 8 匹骆驼，负载着充足的饮水、食物，踏上了生死莫测的艰难旅程，渐渐消失在一望无际的沙海中。

经过几天的跋涉，他们意外地找到了一个淡水湖，湖岸长着茂密的树木，还有修长的芦苇。原来，这是沙漠里少见的绿洲，是生命之火的燃烧地。他们在这里住宿了一夜，人畜饱饮了一顿甘甜的湖水。

根据向导的估算，这里离和田只有 150 多千米的路程。为了应付可能发生的意外，斯文·赫定吩咐仆人带够了 10 天的饮水。

4 月 23 日，他们离开了这个沙漠小湖，向东南方向前进。渐渐地，眼前再也见不到一棵绿色植物，只有那茫无边际的沙海永无休止地展现在他的面前。塔克拉玛干开始露出它那狰狞可怕的面目了。

走了两天以后，斯文·赫定便觉得有些奇怪。根据多年探险的经验判断，他们正处于沙漠腹地，三四天内根本到不了和田。

不久，他们便遇到了缺水严重的威胁，闷得吐不过气来。斯文·赫定只得叫仆人停下来休息。他们在低凹处挖开一个长方形沙井，坐在里面纳凉，一直等到太阳西下，天气渐渐转凉，才爬起来继续前进。

干渴折磨着他们，几个仆人的嘴唇都裂开了，露出了鲜红的肌肉。到了 4 月 28 日，他们又遭到了沙暴的袭击。虽然人员没有伤亡，物资却损失了不少，特别是盛水的一条皮囊不翼而飞。现在仅有的水，已不足一杯，只能作为干裂嘴唇的"润滑油"了。

死亡的阴影笼罩在他们的心头。仆人们实在难以忍耐，只得用驼尿解渴。这些办法只能维持很短的时间，解决不了根本问题。到了 5 月 1 日，有两个仆人倒下了，再也没有爬起来。

斯文·赫定的身体虽然日渐衰弱，但根据他的探险经验，只有前进才有生的希望。

走了两天，又有一名仆人倒下了。此刻他仍没有动摇，带着另一名仆人继续向前。他们以顽强的意志、坚韧的毅力，翻过了一座又一座高大的沙丘。

到了 5 月 3 日，奇迹终于出现了，就在前面不远的沙丘上，耸立着一棵孤零零的柽柳树，这种具有顽强生命力的沙漠绿色植物，它的尖而长的叶肉汁水丰厚，可以缓解人畜的饥渴。现在，他们居然看到了它，就像在黑夜的航行中看到了海上高耸的灯塔，希望的火种又在他们心中燃烧起来。因为它是一个信号，至少可以说明距离水源已经很近了。到了那天晚上，他们又发现了许多柽柳树，于是便在这里住了下来。他们已经筋疲力尽，

实在没有力气挖井找水了，只能摘下树叶，既当食物，又当饮水，熬过了又一个寒冷的夜晚。

第二天，主仆二人充满希望继续向前挪动。大约走了两个钟头，他们奇怪地发现眼前出现的又是一片光秃秃的沙丘，没有一丝绿意。举目四望，又发现了昨天见到的那棵孤零零的柽柳树。原来，他们迷路了，兜了半个大圈之后，又回到了昨天走过的地方。

到了 5 月 5 日，他们终于看到地平线上出现了一抹绿色。"啊！树林，浓密的树林！还有那和田河的清泉！"斯文·赫定激动得大喊大叫。

"我们终于得救了！"仆人双手合十，匍匐在滚烫的沙石上，不停地拜谢上苍。

不久，他们找到了和田河干涸的河床，在一片茂盛的芦苇和灌木丛的附近，发现了一个水坑。他们饱饮了一顿，又从骆驼背上取下一只空罐，盛满了水，然后向森林的深处走去。

荒漠已经后退了。在这里，他们第一次看到了雪球般滚圆的羊群，听到了牧人粗犷而豪放的歌声。几个牧民告诉斯文·赫定，他们已经走出了

▼ 柽柳又名红柳，耐寒、耐旱、抗风沙、耐盐碱，是防风固沙最常用的树种，也是我国西北沙漠地区最为常见的植物之一。

▲ 骆驼在沙漠地区作用广泛,图为莫卧儿王朝一名男子骑坐在骆驼背上打铜鼓。

▲ 斯文·赫定在新疆探险期间的照片。

▶ 1935 年到 1952 年期间,斯文·赫定和他的家人住在这栋公寓楼的三层。

塔克拉玛干沙漠。这个盼望已久的消息令他们欣喜若狂。遗憾的是他并未穿过沙漠。

斯文·赫定的胜利令世人瞩目。他在游记中提到自己当时的心情时,盛赞塔克拉玛干神秘的诱惑力,才使他战胜了千辛万苦和死神的威逼,终于胜利凯旋,又心有余悸地把塔克拉玛干称做"死亡之海"。从此以后,塔克拉玛干就更加蒙上了一层神奇的色彩,成为无数沙漠挑战者梦想征服的地方。

纵穿塔克拉玛干

1993年9月下旬，一条震撼世界的消息随着新华社的电波在地球上传播：经过有关方面4年来的精心筹备，由中英联合组成的探险队，向塔克拉玛干进军了。中外新闻机构闻讯后，立即派出记者，通过各种方式跟踪采访，有的还进行现场报道，以满足国外人士的迫切心情。

塔克拉玛干地形复杂，到处都是起伏连绵的沙丘，呈现出各种奇异的形状，有的竟高达200多米，给人畜的攀登带来麻烦。还有那干涸的河床，表面看去好似一溜平地，实际像个陷阱，人畜随时都有陷入泥沼丧生的危险。复杂的地形，使人容易迷失方向，或被流沙淹没。中央电视台的3名记者，曾进入沙漠拍摄探险实况，几经折腾后迷失方向，差点儿丢掉了性命。

说起那里的气候来，简直令人心有余悸。清晨，火球似的太阳便早早地爬了出来，将沙子烤得滚烫，地表温度正午时可达50℃～60℃，人走在上面，就像踩在烧红的烙铁上，只是没有冒出糊臭的青烟。可到了晚上，气温便急剧下降，一般都在零下（摄氏度）。躺在厚厚的睡袋里，还冻得上牙跟下牙碰撞。早晚这么大的温差，如果没有强健的体魄和适应沙漠生活的能力，不出几天，准会一病不起。好在队员早就经过了艰苦的训练，身体素质均属上乘，才不至于在恶劣的自然条件中败下阵来。

然而，随着时间的推移，队员们的身体开始消瘦，手脚开始蜕皮。由于出汗过多，水分蒸发量大，有的队员出现虚脱现象。一名美国摄影师身体拖垮了，不得不中途退出挑战者的队伍。遗憾的是，他才走完了400千米。这里设有接应营地，它是第一阶段胜利完成的标志。

"水比金子还贵"，说明水在沙漠探险中的价值，"水就是生命"，说明水在沙漠里的重要。特别是骆驼，它的饮水量大。在沙漠旅行没有骆驼寸步难行。它是行李物资的运载者，又是平安柔软的上等坐骑。如果遇到沙漠，它躺下来又是一堵避风的肉墙。保证骆驼的充足饮水，也是一件大事。

队员们在艰难的跋涉中，一停下来就得挖井找水，满足骆驼的需要。

开始时，这项工作并不困难，只要挖出一个不深不浅的沙洞，就可以打出水来。可到了第二阶段，情况就发生了变化，有时一连挖上好几口井，底下都是干涸的。骆驼的饮水发生了困难，它的脾气也变得暴躁起来，甚至发生伤人的事情。在这紧急关头，探险队只得当机立断，将供人饮用的800千克淡水，分出一半给骆驼享用，才平息了骆驼的骚动。

尽管这样，骆驼的体质也逐日下降，有的竟瘫倒在地上，再也站不起来。

塔克拉玛干素以风沙多著称。据气象部门统计，这里的风沙日平均约占全年的1/3，最多的可达145天，而8级以上的沙暴日子就有40多天。沙暴一来，狂风就将大地塑成各种各样的立体图案。最常见的是穹庐状沙丘，还有蜂窝状的、树枝状的、鱼鳞状的、月牙状的，星罗棋布，层叠勾连。虽说壮观，但也惊心动魄，令人生畏。它曾使无数村庄、田园被淹没，人丁、牲畜被吞噬。

如果用"死亡之海"来形容这里的自然条件的恶劣、探险者随时可能丧失性命，是一点也不夸张的，但因此就说它是不可逾越的鬼门关，进去就不能活着出来，以现在的情况

▲ 和田河是唯一从塔克拉玛干沙漠腹地穿过的河流，与阿克苏河、叶尔羌河汇流而成塔里木河，塔里木河是中国第一大内流河。

来说那是不切实际的。中方队长郭锦卫说："如果你能超越死亡，你就会体验到一种无穷的乐趣。"

事实上，探险队员们都有着九死一生的经历，早已将生死置之度外。因而，即使在最艰苦的时候，也感到苦中有乐，充满了必胜的信心，对自己追求的目标，感到无比的自豪。

▲ 沙丘在风力作用下移动，形成各种各样的沙漠地表景观。

　　50岁的甄希林，曾是新疆登山队的头领，屡经大难而不死。这次他担任外围支援队长。队员中，还有曾攀登过世界第二大高峰——乔戈里峰的张葆华。最令人钦叹的是一位年轻的姑娘也参加了探险队的行列，她就是乌鲁木齐经济广播电台记者钱毓。

　　为了一个崇高的目标——征服"死亡之海"，从四面八方聚集到了一起。这些不畏艰难、不怕牺牲的英雄儿女，相互帮助、勉励，充满了革命的乐观主义精神，给同行的外国朋友留下了深刻的印象。他们说：同中国青年们在一起，我们充满了欢乐，充满了战胜困难的信心，没有丧生异域的担心。

　　"死亡之海"终于被征服了。应该说，这是人类征服自然的一次壮举，是塔克拉玛干探险史上的又一座里程碑。

　　"塔克拉玛干"这个维吾尔族给它取的名字，看来有些名不副实了，因为，中英联合探险队员们已经用自己的英勇行动，雄辩地证实了这一真理：这块神秘的土地，不是"进去出不来"，而是"既能走进去，也能活着走出来"。难道不是这样吗？

孤胆英雄刘雨田

　　1987年4月10日，一位普通的中国公民，穿着一套白色的沙漠旅行服，头上缠着一块白布，就像一位沙漠王子。他久久地伫立在杳无人迹

▲ 刘雨田（1942—），河南长葛县人，曾三次徒步穿越塔克拉玛干沙漠。

的荒原上，注视着远方连绵起伏的沙丘，陷入了无边的遐想……

"于田"，"雨田"，这两个名字，也许是一种偶然的巧合，难道这趟"死亡之旅"是上帝早已安排定了的吗？在踏上这块充满魅力的神秘土地之前，雨田默默地为自己祈祷着。既然上帝派我去征服它，就不会让我在它的淫威下悲惨地死去。

他蹲下身子，用白纸折成9只酒杯，斟满了酒，倒入眼前的黄沙，祭奠那充满神秘色彩的"大漠之神"。

祭奠仪式完成后，他甚至没有回头去看来路，便踏进了那浩瀚无垠的沙海。

刘雨田此行的目标，是只身徒步穿越塔克拉玛干大沙漠，完成从于田到沙雅最宽线路的探险旅行，创造旷世未有的奇迹。

为了征服这块"死亡的土地"，他曾经历过失败的痛苦，甚至丢掉了自己的工作，放弃了为人之父的崇高责任。

比起欧洲的许多探险家来，他是一个穷汉，因为自己没有积蓄，也未能得到各方面的资助，甚至连旅伴也没有找到。刘雨田的大漠之行是异常艰难的，没有仪器，没有通信设备，就连负重的骆驼也没有一匹。在那茫无边际的沙漠中，他带着140千克重的行李，须来回两次拖运。也就是说，刘雨田要多走一倍的路程。他的体力消耗该有多大！他的旅行实在太累、太艰苦了。

刘雨田的身体素质是不错的，也曾有过沙漠探险的经验，虽然是失败的，但对一个痴心不改的探险迷来说，却是宝贵的精神财富。刚踏入这片洪荒大漠时，他神情自若，被狂风垒起的形态各异的沙丘，以及间或出现的胡杨、柽树，他都觉得是一幅幅美丽的图画和一首首充满生命活力的诗

篇。在他的眼里，一切都是那样亲切、那样壮美，仿佛自己不是置身在这令人谈虎色变的"死亡之海"。

但是，越往里走，就越显出荒凉冷落的气氛，就连枯死发黑的胡杨也无影无踪了。

大漠里的色彩是单调的，除了蓝天，就是阳光下耀眼的黄沙。白天，气温很高，酷热难耐。有时一连几天既见不到人，也见不到飞鸟，只是偶尔见到几根死者的白骨和残破的用品。夜晚，月光惨淡，繁星满天，寂静得仿佛不是人间，就连虫子啁鸣的声音也听不到。

他蜷伏在仅容一人的尖顶小帐篷的一角，撩开门前的布幔，仰望长空，不觉思绪万千……

塔克拉玛干恶劣的自然环境和艰苦的生活，加上过重的运载，使得他的体质明显地下降，以致产生是否能够走出沙漠的疑虑。也许不久，他便会变成沙海中闪烁磷火的枯骨。

这种情况，在他决定孤身闯入大沙漠以前，就有了思想准备。他从小就是一个倔强的孩子，长大后这种性格变成了对理想的执著追求。事后曾有人问他当时的想法，刘雨田朴实憨厚的语言，令人深受感动。他说："塔克拉玛干是中国的版图，我不相信中国人没有能力走进自己的国土上。"

▲ 作为探险意义上的塔克拉玛干沙漠穿越，通常是以于田或墨玉为起点（或终点），以阿克苏为终点（或起点）。

为了争这口气，他付出了巨大的代价。丢掉工作倒不足惜，因为他现在正在做着比他的同龄人更加有意义的事情。此时此刻，最令他难过的是，自己已经为人之父了，对孩子未能尽到抚育的责任。

他很想念那个很少得到父爱的孩子。

刘雨田认定了的事情总是要做到底的。他既然跨出了第一步，展望前途，莫说是茫茫沙海，就是魔鬼设置的墓窟，他也要爬进去探个究竟。

这时，夜空中一颗流星扫过，刘雨田感慨万分地自言自语："人生苦短，不求永恒，但愿灿烂。哪怕像流星一样，我也死而无悔!"

这一夜，刘雨田睡得安稳香甜。一觉醒来，突然发现近处一棵胡杨树着了火，便毫不犹豫地挥舞着手中的衣物拼命扑打，并将水壶中的饮水洒向树身。尽管他十分清楚在沙漠中水和生命的关系，但他宁愿将死亡留给自己，也不愿看到另一个生命的毁灭。

火终于扑灭了，刘雨田迎着缓缓升起的骄阳，又开始了新的一天的跋涉……

刘雨田面临着考验。首先是饮水已耗费了大半；其次是身上出现了中毒的先兆。他怎么能死呢? 这倒不是惧怕死亡，按照他的倔劲，就是刀山火海，他也敢闯敢上，只要能夺取胜利。然而，作为一个软弱的失败者死去，他是做鬼也不甘心的。当时，刘雨田求生的道路还有一条，那就是，承认失败，"打道回府"。不过，做这样的决定，对他来说，比征服眼前的沙漠还要困难。

几天以后，他的体力更加衰弱了。惯于趁人之危的"大漠之神"很快便把灾难的魔水泼洒在他的身上，使他神志不清，只一阵子，他便发现自己被围困在一群大小不等、形态各异的沙丘之中，像闯进了迷魂阵，任凭你东突西窜，也找不出一条前进的正确道路。

他几乎耗尽了全身的体力，才辨明了方向。

在这生死攸关的时刻，他断然决定：舍弃行囊，轻装向前，甚至连已经拍摄完的胶卷和旅行日记都丢进了沙漠，只带上他籍以苟延生命的半壶饮水，因为这也是他能活下去的唯一希望。

不久，水喝干了，但不能等死。在这种情况下，他就用口杯接下自己的尿液，闭着眼睛咽了下去。后来，连尿也排不出来了。为了活命，他完

▲ 胡杨的幼树枝叶跟柳树叶相似，当长成大树时，树干下部的枝叶仍像柳叶，上部则像杨树的圆叶。中国胡杨林面积的 90% 以上都集中在塔里木盆地。

全变成了一头牲口，见什么吃什么，就连那苦涩的胡杨叶子，也变成了美味佳肴。

然而，人的内脏毕竟与牲口不同，这些东西咽下去后，使他的脾胃受了损伤，有时痛得在沙上打滚。

后来，刘雨田进入了昏迷状态。只要他清醒过来，便使劲地往前爬行，爬不动了，休息后再爬。也不知又过了几天，当他从昏迷中再度醒来时，一弯清凉的河水把他带回了人间，原来，他已经爬到了克里雅河的岸边。

他得救了，虽然无力用欢呼和呐喊来庆祝自己的胜利，但从他闪烁着光芒的泪珠和微微颤动的嘴唇上，不难看出他内心撞击出来的生命火花。

穿过大漠的航行

在一座仅有几平方米的圆顶帐篷里，人声喧哗，香烟缭绕，探险队员们正在热烈地讨论着和田河漂流方案。

这条沙漠河流位于塔克拉玛干沙漠中部偏西的位置上，自南向北，穿越大漠，汇入塔里木河。它是昆仑山北麓最大的河流，全长 806 千米。上游有两条源流，一条叫喀拉喀什河，另一条叫玉龙喀什河。在降水和冰雪融化季节，高山给它们提供充足的水源。这时，和田河水猛涨，泛舟可以穿越 400 多千米沙海，直达塔里木河。

不过，这样的机会是很难得的。在一般的年份里，约有 10 个月左右的时间只流到和田市以北，随后便消失在干涸的沙漠里。

然而，就是它，当之无愧地成了这片"死亡之海"的生命线。千百年来，和田河不仅为穿越大漠的商贾和旅人提供了充足的饮水，使人们绝处逢生，重新享受生的欢乐。同时，它又是人们从南到北，直穿这块神秘土地的唯一有着明显标志的通道。

那时，人们骑着骆驼，沿着河岸行走，既安全，又不易迷失方向。我们的前人就是这样走过来的，这些都成了历史遗闻。

然而，我们的探险队员面临的是一次新的考验，他们要坐着轻便的小船去开辟一条沙漠航道。这是前人不曾做过的事业。

根据有关调查资料，这条沙漠河流，虽然没有险滩恶礁，但地形复杂，下游河道宽阔，流速缓慢，支流繁多，湖泊棋布。本来很少的水量，多被沿途截流，造成河床干涸，漂流被迫终止。再者，沿途气候恶劣，要是遇到狂风，卷起沙浪，就有舟毁人亡的危险。这些情况，探险队员们都有充分的思想准备。他们中的一些人，都是久经沙场的老将。副队长王维，曾攀登过珠穆朗玛峰；队员李乐诗，是来自香港地区的巾帼英雄，曾到过南极、北极、珠峰等地。

▲ 李乐诗被誉为"香港人的骄傲"，是史上第一位踏遍三极的香港探险家，荣获世界杰出华人奖。先后 10 次赴北极考察，6 次登上南极大陆，4 次攀上珠峰，环游世界七大洲、五大洋100多个国家。

沙漠大探险

　　方案终于确定下来，全队分成两组，水陆并进，相互接应。在漂流开始以前，他们必须先深入到沙漠深处两条河流汇合口的麻扎塔格，设立营寨，观察动静，等待洪峰到来。

　　从基地到麻扎塔格，得跨越200多千米的沙漠地带。麻扎塔格，维吾尔语的意思是"坟墓山"，艰险程度就可想而知。传说还没有活着翻过去的先例。其实坟墓山也只有百来米高，顶上平平的，谈不上什么峻峭，但长达100多千米，它像一条巨蟒，横卧在塔克拉玛干沙漠的中央，与和田河正好拼成一个"T"字。

　　经过几天艰难的跋涉，历尽九磨十难，他们终于征服了麻扎塔格，队员们也一个个累得筋疲力尽。

　　这天晚上，他们在山上古堡内扎下了营寨。经过几天的休整，大家的精力很快得到了恢复。

　　一天早晨，去山坡上察看动静的队员高兴地大叫起来："洪水到了！洪水到了！"

　　正在帐篷内用餐的队长严江征兴奋地跳了起来，通知大家立即作好漂流准备，到河岸待命出发。

　　上午11点，严江征庄严地发出了登船的命令，然而，租用的骆驼却

▲ 麻扎塔格位于新疆墨玉县境内，呈东西向横卧在塔克拉玛干沙漠。

因特殊原因不能按时出发。队长只得命令李乐诗和买买提旺在岸边等待。

漂流开始了，他们告别了坟墓山和那充满悲壮史诗的古堡，也告别了李乐诗和买买提旺。这时，大家的心情都很沉重、悲壮。因为探险生涯，吉凶难料，谁知今日聚首，明日又会怎样？虽然大家都不愿往坏处想，但感情是不由人摆布的。

漂流的第一天就遇到了麻烦。

和田河在"坟墓山"下便分成了许多支流。表面看来，河道很宽，但水很浅，小船只能从被激流冲刷成的狭窄的槽河中通过。但是，河水浑浊，很难找准漕沟的位置。河道又呈 S 形，更增加了漂流的困难。按常理，队员们认为水流急、浪花多的地方，水一定深些。然而，等

▲ 和田河是一条季节河，每年 6 ～ 8 月是河流汛期，非汛期则河床结冰或完全干涸，形成了一条带状沙漠。

他们划过去，小船便搁浅了。不得已，只有全体下水，推的推，拉的拉，好容易进入水沟，可行不多远，又搁浅了，而且根本无法移动。大家只好喊着号子抬船。这样的反复折腾，一天也有几十次，累得大家疲惫不堪。

沙漠中的河流，支汊很多，时分时合，极易迷失方向，使前后船只失去联系。一天，他们分乘的两艘小船，其中一艘不经意地驶进了另一条支流，后来竟越走越远，渐渐失去了联系。严江征等人急得不知如何是好，只知道一个劲地高声呼喊，然而，没有听见回音。直到傍晚时分，还未见同伴的踪影。于是决定调转船头，改走失踪船只的同一条水道，谁知水流湍急，连拖带推，都无法越过凸起的沙梁。只好听天由命，继续向前漂流。

谁知到了半夜，有人发现远处胡杨林中闪着几点白光，不停地晃动。他们立即判定那是战友们发出的联络信号，便重新登船，顶着迷茫的夜色向前使劲划去。在一坡平静的沙丘下，他们激动地聚在一起了。根据这次失散的教训，队长严江征当即规定，以后在漂流途中遇到汊流时，两艘船必须相互照应，距离应保持在视线以内。

在沙漠中漂流，除了要忍受徒步跨越时经常遇到的风险，诸如酷热、疾病、暴风袭击外，还有一重灾难，那就是排山倒海滚滚而来的沙浪。

一天夜晚，队员们刚刚入睡，突然间，呼啸的狂风，卷着如泻的暴雨将他们惊醒。帐篷被撕得"哗啦"作响。一会儿，又听见波涛撞击的声音。后来才知道，狂风卷起的沙浪，早已成了一个个凸起的沙丘。

经过一夜狂风暴雨的肆虐，有的队员患了感冒，可第二天还是挣扎着登上了向北漂流的小船。

这天，他们还遇上了龙卷风，那是沙漠中令人谈虎变色的大灾害，往往随着沙暴一同到来，要是遇上了它，便没有生还的契机。据目击者称，它可以卷起人畜、推翻车辆，甚至把整个的沙丘送上云天。这种龙风暴，在内地是少见的，但在塔克拉玛干沙漠里，却是经常光顾的常客。

好在这次他们都在河里漂流，沙暴只在岸上肆虐一阵子后便退却了。

队员们事后才知道，高高的堤岸和密密的胡杨林，为保护他们的安全立下了汗马功劳。

这虽然是一场虚惊，他们没有因此而少耗费宝贵精力，然而顶风行船，难上加难。于是大家决定就地宿营，等恢复体力后继续前进。

盼望的日子终于到来了。这天下午，他们的小船缓缓地进入了塔里木河，探险队的漂流计划完成了。这次勇敢的航行，为我国江河漂流写下了新的篇章，也为塔克拉玛干的探险活动树立了一座新的纪念碑。

请记住这个富有纪念意义的日子吧，那是1993年8月23日下午5时。

10 震撼世界的大进军

▲ 枯死的胡杨树。

在征服"死亡之海"的英雄中，有人骑着骆驼，有人乘坐汽车，甚至有人徒步跨越。不过，这些探险活动，大多是小组或小分队行动。"千军万马闯沙漠"，在人类探险史上，迄今为止还是绝无仅有的奇迹。那么这一奇迹是谁创造的呢？

叛乱正在大酝酿

1949年，中国人民解放军重兵逼近新疆。伊犁、塔城、阿山三区的民族军也易守为攻。蒋军腹背受敌，如瓮中之鳖，束手被擒的命运已成定局。与此同时，我党也考虑到了新疆各族人民的和平愿望，加强了对国民党驻疆部队的政治思想工作，要求他们认清形势，顾全大局，弃暗投明，不失时机地投向人民怀抱。在党的政策感召下，9月25日和26日，国民党驻新疆警备司令部总司令陶峙岳将军和新疆省政府主席鲍尔汉分别通电起义，声明脱离国民党反动政权，放下武器；所属部队，按照指定地点集结，等待人民解放军和平改编。这自然是一件大快人心的事。然而，逃往国外的上层反动分子，却不甘心失败。在西方敌特势力的支持下，他们策动少数部队叛乱，烧毁民房，抢劫财物，奸淫妇女，杀害进步人士，千方百计地破坏和平进程，迫使我人民解放军不得不提前火速进疆。

当我军疾进至南疆阿克苏时，得到紧急情报，西陲重镇和田，正麇集

▲ 陶峙岳（1892—1988）。

▲ 鲍尔汉（1894—1989）。

▲ 陶峙岳和鲍尔汉在视察部队。

着一伙不甘心失败、妄图负隅顽抗的中外反动分子，他们趁解放军尚未到达塔克拉玛干南沿的机会，加紧策划着一次大规模的武装叛乱。如不及时扑灭，势必影响党中央进军新疆的伟大战略部署，给各族人民带来更大的灾难。

和田在塔克拉玛干的南沿，中间横亘着被称为"死亡之海"的大沙漠区。我人民解放军虽然英勇无敌，所向披靡，但远隔大漠，要想赶赴出事地点，决非一朝一夕之功。

当时，去和田只有三条路线可供选择：一条是沿公路，经喀什、莎车至目的地；一条是过巴楚，沿叶尔羌河到莎车后，再转道目的地；第三条则是一条近路，然而也是一条"死路"，那就是横穿塔克拉玛干大沙漠，出奇制胜，消灭敌人。

后者虽然具有很大的危险性，而且可能付出很大的牺牲，但进疆部队首脑机关经过认真讨论后，制订了一个大胆的方案：穿越"死亡之海"，赶在敌人动手之前，出奇制胜，打他个措手不及！

大进军的序曲

横穿"死亡之海"，从来就是人们谈虎色变的话题。祖祖辈辈生活在这里的游牧部落，也很少有人到过沙漠腹地。至于"横穿"，那就更不用说了。因此，我军当务之急便是寻找向导。有些"老沙漠"一听说带路，便托故推辞。因为他们以往也只进去二三百里，况且大漠中风沙频繁流动，根本无法辨认当年走过的路线。最后，侦察员物色到了一位摆地摊的维吾尔人。这位名叫阿不都拉的老汉听说要穿越整个塔克拉玛干大沙漠，脸色便"唰"地变得惨白。他说，10年前因生活所迫，曾为一瑞典探险队带路，去过大漠腹地。结果受到了凶残的黑色食肉蚁的袭击。他亲眼看到一个瑞典汉子和两峰骆驼活活被它们蚕食的悲惨情景。除此以外，这里还有杀人越货的驴帮和古河道中饿得濒临绝境的野狼。这个探险队在进入沙漠的第四天，还没有到达沙漠腹地，便只剩下他和队长考古斯两人了。从此以后，队长便悄悄地离开了这里，再也不提"沙漠寻宝"的事了。

尽管这样，阿不都拉仍然接受了解放军的邀请，充当了这次历史性跨越的带路人。

进军的命令很快传到了部队，战士们个个情绪高昂，决定在这史无前例的大进军中一显身手。

接着，全军上下开始了紧张而周密的准备工作。他们舍弃了重武器，除必需的生活用品、食物和饮水外，其余的东西全都"轻装"。

挺进"死亡之海"

1949年12月5日，人类首次跨越塔克拉玛干沙漠的大兵团进军开始了。

浩瀚的沙海自古以来就孕育着一种落日般的壮烈与苍凉。进沙漠不久，

▲ 号称"死亡之海"的塔克拉玛干沙漠。

战士们便遇上了一片枯死的胡杨林，远远望去，有如千百根巨大的白骨直指蓝天。越过树林，便是无边无际的沙海。黑压压的人群，在没膝的砂砾中艰难地跋涉着，既分不清道路，又辨不明方向。稍有不慎，就会丢失人马。尤其是夜间行军，极易偏离侦察员探明的路线。后来，他们想了个办法，让前卫部队在行进途中，利用人畜的枯骨、干柴燃起篝火，大约一千米左右一堆，后面的部队便可辨明方向，朝着有烟雾和火光的地方前进。

沙漠中水比生命还贵，战士们几天不能刷牙，不能洗脸，即使是一身臭汗，也无法用湿毛巾擦擦身子。饮用的水全部驮在骆驼背上，由供给部门统一管理，不到规定的时间，谁也不能动用。

战士们每天要行军三四十千米。一步一个沙坑，一步一个血印，这种超体力极限的行军，艰难困苦远非常人所能忍受。

沙漠中的一天，就像是一年中的四季，白天热得你心焦火燎，到了夜晚，又冻得你直打哆嗦。总之，在沙漠的淫威下，大伙儿吃尽了苦头，受尽了折磨，然而，这些铁打的汉子，却没有一个人叫苦叫累。

到了第九天，可怕的事情终于发生了。整个部队的饮水已经全部告罄。由于极度的干渴，很多人都得了一种怪病：先是浑身冒出黑色的疙瘩，接着皮肤慢慢地发青，导致肌肉痉挛，很快昏迷过去，倒在地上。很多人从此便没有站起来。

在这紧急的情况下，部队首长当机立断，下达了宰杀驼马饮血止渴的命令。当时，不少人抱着马的脖子失声痛哭，但也无法挽救这些曾经同自己一道浴血苦战的伙伴的生命，它们将为革命的胜利作出最后的贡献。

到了第十天，部队又遇到了可怕的沙暴。此前曾有人提议暂停前进，找安全处躲避一下再走。为此，团首长立即发电请示。师部命令：情况紧急，

▼枯死的胡杨林是沙漠独特的自然景观。

▲ 不少胡杨林已成为今天沙漠旅游的重要景点。

不得滞留。部队只好冒着风沙前进。为了不被大风卷走，战士们有的手挽着手，有的用绳子将几个人串在一起，缓缓地向前移动，尤其是扛迫击炮的同志，行走起来就更艰难了，整整花了 1 个小时，计算行程，才前进了 500 米左右。

这场沙暴，经历了 3 个小时才算平息，刚从干渴中摆脱出来的官兵，又被这意想不到的灾祸折腾得死去活来，几乎筋疲力尽。然而，严峻的形势使他们不可能享受喘息的机会，哪怕是三五分钟，对他们来说，都意味着生与死、失败与成功的命运选择。

正在这时，后卫部队传来了一阵悲怆的哭喊声，原来老排长李明失踪了。说到李明，全军上下无人不知，无人不晓，他是一位身先士卒、战功卓著的初级指挥员。在解放兰州的战役中，他一人击毙敌军 60 余名，受到部队的通令嘉奖。

经过紧急搜寻，战士们终于在一座沙丘的斜坡处找到了他的尸体。为了

▲ 沙尘暴的形成与地球温室效应、厄尔尼诺现象有着密切的联系。另外，过度放牧、滥伐森林植被、工矿交通建设等，扰动地面结构，形成大面积沙漠化土地，也会直接加速沙尘暴的形成和发育。

防止食肉蚁的侵袭,大家抬着他冲出"风库",就地挖了一个约5米深的沙坑,掩埋了他的尸体,含泪为他堆起了一个硕大的坟堆,以寄托大家的哀思。

好容易熬到了第十二天,大军终于走出了"死亡之海",到达了有水源有食物的西尔库勒。十多天的沙漠生活,大家受够了磨难,耗尽了体力,活像一群刚从敌人监狱里逃跑出来的"犯人"。

神兵自天而降

当天夜晚,在和田镇一幢古老的民宅里,烟雾弥漫,人声嘈杂。十几个满脸胡茬、身着蒋军军官服装的中年汉子,正在昏暗的烛光下,讨论着阴谋暴乱的实施计划。他们妄图抢在解放军进驻之前实行暴动,造成在外国势力支持下进可攻、退可守的局面,以破坏新疆人民的解放事业。

然而,他们好梦未成,便被"枪"惊醒。他们从来也没有想到,在这"死亡之海"里竟然冒出了解放军的千军万马,而且是那样的神速,那样的悄无声息。几个月来,叛乱分子拼凑起来的反动武装,不到半天时间便土崩瓦解了。

解放军千军万马穿越塔克拉玛干的伟大创举,通过新闻媒体的报道,很快震撼了整个世界。

▲和田河支流喀拉喀什河,是塔里木盆地重要水源。

11 彭加木失踪之谜

→ 到罗布泊去

→ 诱人的"八一泉"

→ 失踪之谜

▼罗布泊古称盐泽，曾是我国第二大咸水湖，如今已是一望无际的荒漠。

▲ 罗布泊位于塔里木盆地东部，1942 年测量时湖水面积达3000余平方千米,20世纪70年代末完全干涸。

彭加木同志率队在新疆罗布泊考察时失踪的消息，是 1980 年 6 月 23 日由新华社向全国发布的，当时他已经 7 天没有音讯了。

这一令人痛心的消息，引起了海内外的特别关注。党中央、国务院、中央军委立即组织有关方面的力量，采取了各种措施，包括空中搜寻，始终未能发现他的踪迹。

到罗布泊去

彭加木同志是我国著名的科学家、中国科学院新疆分院副院长。1980 年 5 月上旬，他奉命率领一支由地理、化学、气象、土壤、沙漠和考古专家组成的科学考察队，自北向南纵贯整个罗布泊进行科学考察。

罗布泊，位于新疆维吾尔自治区东南部，是一片浩瀚无涯的洼地，长期以来被人们称为"生命禁区"。别说闯进它的怀抱，

▲ 彭加木（1925–1980）。

就是谈起它恐怖神秘的气氛，都令人毛骨悚然，不寒而栗。

5 月 9 日，彭加木考察罗布泊腹地的夙愿终于实现了。第二天，他们进入了这个内陆咸水湖的中心地带。

6 月 2 日，考察队携带的饮水已快用尽，情况十分严重。没有水，就等于没有生命，为此，彭加木焦急万分。一天下午，他忽然发现一片小草。这象征生命的绿色，给了他无限的希望。他高兴极了，立即命令全体考察队员追踪前进。

诱人的"八一泉"

6 月 16 日下午 2 时左右，他们来到了库木库都克西 8 千米处。这时，

车上携带的汽油和水所剩无几。按照预定的考察计划，还有400多千米行程。

在沙漠里生活，哪怕是断水一天，后果也是不堪设想的。可在沙漠上找水，比上天还要困难。尽管他们从前几天发现的那片绿草中，判断出此间不远的地方也许能找到水源，但沙海茫茫，漫无际涯，即使能找到绿洲，也解决不了当前的困境。为此，彭加木召集了紧急会议，决定双管齐下，一方面就地找水，另一方面向当地驻军求援。晚上，彭加木亲自拟发了求援电报。他们立即得到了肯定的答复：驻军决定用直升机运送汽油、饮水各500千克。

彭加木心想，如果完全指望空军派直升机运送饮水，价值虽然不比黄金昂贵，但也是相当惊人的。

为了减轻国家负担，他决心自力更生，就地寻找水源，因为他相信，根据现有的资料和迹象，特别是库木库都克（维吾尔语的意思是沙井）这个地名提供的信息，这一带是能够找到水的。所谓沙井，是指沙漠涌泉自然形成的水井。井盆有房间那么大，约10米深。据史书记载，沙井中泉

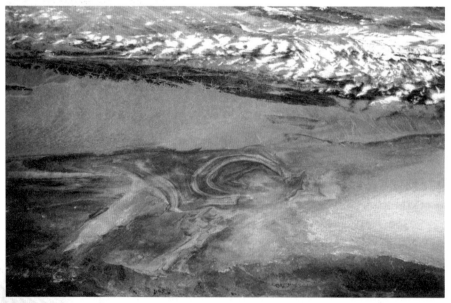

▲ 罗布泊盆地的卫星图片，其形状酷似人的一只耳朵。

水清澈寒凉，适于人畜饮用。所以这里是古丝绸之路的必经之地。然而沧海桑田，这里的水井，连同它的遗迹，早已被黄沙淹没。

尽管这样，彭加木，一位坚毅倔强的汉子，一位舍身穷理的科学家，仍未放弃找水的念头。

当天下午，他派人从东、西、南三个方面察探，都没有任何结果，唯有北面是浓密的芦苇和红柳组成的屏障，那是盐碱地带，更无存在淡水的地质条件。为此，队员们的心情颇为沉重。

夜晚，彭加木亲自煮了一锅驼肉，一面和大家吃肉、喝汤，一面商谈着打水的事情。忽然，他记起曾听人说过附近有个"八一泉"，不久前，中日两国"丝绸之路"摄制组还发现并饮用过那里的淡水。想到这里，他眼前豁然开朗，似乎那一方沁人心脾的清泉，迎着太阳的光辉，忽闪忽闪地展现在自己的眼前。

第二天，他悄悄地离开了队伍。直到下午1时，司机王万轩到车厢里取衣，才在一本地图册里发现一张纸条："我向东面去找水井。彭。"消息传开，队员们大惊失色。原来上午9时，彭加木冒着50℃的高温单独外出，其危险程度可想而知。队员们立即分途寻找。到了晚上，仍不见他的踪影。

▼罗布泊钾盐资源储量巨大，图为钾盐基地。

大家便在沙丘上燃起一堆篝火，为他指明方向，使之不致迷路；还将3辆汽车开往高处，向几个不同方向打开车灯，6条强烈的光柱，照亮着他回程的道路。每隔一小时，又将一颗红色的信号弹射向夜空。"按照常理，这些措施是会有效的。如果没有发生意外，老彭是会回来的。"大家的心里一直这样念叨着。然而，一夜过去了，彭加木并没有回来。

失踪之谜

彭加木失踪后，中央和新疆的党政军部门采取了一系列紧急寻找措施，都没有任何结果。

那么，彭加木究竟在哪里，又是怎样失踪的呢？

事后有人猜测，彭加木可能陷入了罗布泊的沼泽而无力自拔。这一猜测毫无道理，因为，库木库都克一带干旱缺水，就连整个罗布泊也全部干涸，湖心都能降落飞机，何况彭加木是一个富有野外考察经验的人，根本不可能陷入沼泽。

另一种猜测是，彭加木可能死于野兽的伤害。他们的理由是，彭加木失踪后，搜寻部队曾在敦煌一带发现有白色的狼粪。这种说法也是令人难以信服的。因为彭加木失踪的库木库都克一带只有骆驼、黄羊和野兔，有狼的地方离这里还远着呢。

后来，还有人怀疑彭加木是被敌特劫持或杀害。这种可性虽然不能绝对排除，但根据当地的自然条件和恶劣的气候，人要生存下去，如果没有携带足够的饮用水，几乎是不可能的，因为敌特也要生存。而且，在直升机跟踪搜寻中，也只有单行脚印（后来证实是彭加木的足迹）。对于这一猜测，新疆军区作战部和其他权威部门也否定了这一说法。何况，事隔多年，时至今日，哪有不漏风的墙呢？

还有人想入非非，妄谈彭加木已被外星人攫走的神话。

最近流行的一种说法，倒是值得关注的。其实，这种观点在1981年

10月新华社有关彭加木失踪原因分析中便有所暗示，只是没有具体说明罢了。文中说："罗布泊洼地地形复杂，气候恶劣，荒漠无人。根据反复寻找的情况判定，彭加木在找水过程中，可能因体力不支，迷睡昏倒，被狂风吹动的流沙淹没。"

彭加木工作照。

根据彭加木的队友和众多知情人的证实，这一观点是能够成立的。

彭加木进疆后，曾患纵隔障恶性肿瘤，长在心脏、气管和食道之间，有两个拳头大。据医学文献上说，患这种病的人顶多能活2年。后来，彭加木在上海中山医学院治疗时，医生在他的骨髓里检查出"异常网状细胞"，证实他又患有另一种恶性肿瘤——网状细胞淋巴瘤，除特殊病例外，一般只能活3个月。组织上为了挽救他的生命，设法进口昂贵的药物，病情才得以暂时缓解，但随时有可能加剧。实际上，他在考察罗布泊之前，就一直没有断过药。进入罗布泊后，便明显地感到体力不支，健康状况欠佳。他曾自言自语地叹息道：恐怕老毛病又发了！并显露出痛苦的神色。种种迹象表明，在出发找水前，他的恶性肿瘤已经复发。

以上看法，虽具有很强的可信性，但仍是一种推断，因为人们毕竟未能发现彭加木的遗骸及其他足以证实其死因的实物或文字材料。看来，这个问题仍未画上一个句号。

▲ 位于罗布泊的彭加木墓碑，很多人慕名前来瞻仰。

12 沙漠中的庞贝

→ 斯文·赫定的发现

→ 追溯历史的辉煌

▼楼兰古城遗址。

▲壮观宏伟的天山山脉（郝沛摄）。

唐代诗人王昌龄的诗句"黄沙百战穿金甲，不破楼兰终不还"中提到的楼兰古国，国外有沙漠中的"庞贝"美称。它最早见于汉初的《史记》一书。但司马迁未曾亲临塞外，书中所记的情况显然是根据去过西域的人的转述，或者是与他同时代的出使西域的使节张骞提供的。

▲ 敦煌壁画里，描绘张骞出使西域前辞别汉武帝的情形。

▲ 位于甘肃阳关博物馆内的张骞塑像。

公元 1 世纪，汉与匈奴为争夺西域的霸权进行了长期的斗争。楼兰扼东西贸易通道的咽喉，一直是双方争夺的重要目标。这种状况有时竟发展到白热化的程度。直到公元前 77 年，楼兰古国才臣服于汉，成为中央政府的西北重镇。此后，我国历代王朝一直牢牢地控制这一地区，并设有统治机构。

然而，到了公元 5 世纪后，楼兰古城便消失在我国的史籍中，再也找不到它的踪迹。

王昌龄在吟咏中提到的楼兰，不过是借指当时为患西北边境的突厥、吐蕃，其实，这座古城早已湮没在浩瀚无垠的沙海中了。

斯文·赫定的发现

1896 年 1 月，瑞典探险家斯文·赫定从新疆和田出发，沿玉龙喀什河

▲ 斯文·赫定。

和克里雅河北上，直达塔里木以北的沙雅。他用了整整4天的时间，顺利地穿越了塔克拉玛干沙漠，发现了克里雅河附近被流沙掩埋的古城和珍贵的野骆驼。

1900年春，他带领一支探险队再次闯入了塔克拉玛干。在干涸的库鲁克河岸边，发现了陶器的碎片和石斧，并且发现了三间残破的房屋，从中清理出中国古代的若干钱币、两把铁斧和几块木刻。木刻上图案精美，形象生动。斯文·赫定对这意外的发现激动不已。正准备继续作业，发现带来的水已经用尽，而附近又无水源，只得派遣随行的于得克只身返回宿营地筹措。途中，于得克碰上了强烈的风暴，接着迷失了道路。当风沙停息后，他惊奇地发现，自己正处在一座古城的废墟里。

他高兴得忘记了疲劳与干渴，像一个侦探，独自在这座死寂的古城里搜巡。后来，于得克向斯文·赫定汇报了自己的发现，并把拣来的几枚铜钱和两大块精美的板壁雕刻交给他鉴定。顿时，斯文·赫定吃惊得大叫起来，他紧紧地拥抱着自己的同伴，好一阵子说不出话来。斯文·赫定预感到这座古城的发现将要震动整个考古学界。然而，他没有立即进行细致的考察，因为目前他不具备这种能力。到了第二年3月，经过精心策划后，他重返塔克拉玛干沙漠，找到了于得克发现的那座古城。

斯文·赫定发现，古城里的房屋都是木质结构，有很粗的房柱屋梁，隔墙是先用柳条或芦苇编织成排，然后再糊上黏土。

他们还发现了一尊雕像，有半截掩埋在黄沙中。小心翼翼地挖掘后，终于看清了它的真实面目，原来是一尊释迦牟尼的坐像。它造型优美，风格细腻，是一尊雕塑艺术品。斯文·赫定高兴地把它叫做"东方人的上帝"，这是多少年来梦寐以求的发现。他紧紧地用手抓住于得克的两肩，使劲地摇晃着，激动得流出了热泪：

▲ 楼兰古城中木料使用很多，斯文·赫定等人刚刚发现古城遗址时，到处是雕刻精美的木头半埋在沙中。

"我的梦想终于实现了，是你为我圆了这个东方之梦。"

后来他集中力量，在这片废墟里进行了清理、挖掘，找到了大量的钱币、陶器、毛笔等物。特别令他兴奋的是，竟找到了 36 张写有汉字的纸片、120 片竹简和一些印有精美图案的绢绸织品。

经过研究，斯文·赫定确认自己已找到了已失踪 1000 多年的楼兰古城。这座古丝绸之路上的交通枢纽的发现，震惊了整个学术界。斯文·赫定也成为举世闻名的大探险家。他所挖掘的一切文物，也都变成了他的财富。

追溯历史的辉煌

自从这座"沙漠中的庞贝"被于得克首次发现后，1901 年春，斯文·赫定曾率队进行了初步挖掘，出土了不少珍贵文物。以后，特别是 1979 年

沙漠大探险

和 1980 年，新疆考古工作者又分别对楼兰古城进行了系统细致的考察，终于揭开了它神秘的面纱。

▲ 巴音郭楞州博物馆内的楼兰古城模型。

考古资料表明，古城坐落在新疆巴音敦楞蒙古自治州若羌县罗布泊西岸，是汉代通达西域南路的必经之地。城周 330 米，垣墙残存，但城门因年久风蚀，已经无从辨认。城中建筑布局严整，主次分明。中心位置有一建筑遗址，是城内唯一的土坯建筑。

城周直径 101 米，残高 2 米，坐北朝南，位置突出，有粗而高的圆柱和雕镂精湛的屋梁。无疑，这里是古楼兰统治者的住所，也是这个沙漠王国的权力中心。

城西南为居民住宅区，虽已坍塌，但鳞次栉比的房屋残基，仍显示出当年的繁华景象。

▲ 楼兰古城中最显眼的建筑区遗迹是城中部的三间房。从这一组建筑物的位置和构造等情况分析，这里可能就是当年楼兰城统治者的衙门府所在地。

城中有一条干涸的水道，自西北向东南穿城而过，是研究古城水源的重要资料。

城北约 5 千米处有一座古塔，虽已严重风蚀，但残身顶部的彩色壁画，仍依稀可辨。

古城周围还有一些佛寺、烽遂等遗址、遗迹和古墓葬群。出土的文物也丰富多彩。诸如汉五铢钱、贵霜王国的钱币、汉文和怯卢文（印度的一种文字）残简、丝毛织品等残件，漆器、木器、玉器、铜器、料珠、金、银、戒指、耳环以及玻璃器皿等碎片，甚至还有波斯的壁画，希腊、罗马以雅典娜为图案的手工艺品。

古丝绸之路西出长安，经敦煌至楼兰。这里既是古代中国对外交流的枢纽城镇，又是当时抵抗外族入侵的军事要塞。应该这样认为，古楼兰在当时是一座具有军事和经贸双重职能的塞外重镇。那里曾有过历史的辉煌，不愧是沙漠中一颗璀璨闪亮的明珠。

可以想象，在那遥远的年代里，当你站在那高耸的阙楼上，俯瞰着满街熙熙攘攘的人群，有挎着小篮的妇女，有牵着骆驼的波斯商人，有金盔铁甲横刀立马的戍边战士，也有身披袈裟、手持钵盂的东方僧人。他们来自四面八方，操着不同的口音。

这里歌楼酒肆，商店茶舍，比比皆是。吆喝声、叫卖声、弦歌声、欢笑声，组成了一曲动人的交响音乐。虽有几分大漠的苍凉，但一切又无不显示出与内地迥异的国际中转城市的风采。

▲ 西北科考途中的斯文·赫定。身着蒙古王爷赠送的皮袍。

▲ 斯文·赫定与四妹阿尔玛合影，她是斯文·赫定的秘书和重要助手。

　　其实，又何止这些呢。1000 多年来，自然与历史的风沙，还不知掩埋了多少发生在这里的动人故事和繁华春梦哩！

　　楼兰古城消失的原因，学术界众说纷纭，莫衷一是。然而，这些不同的学术观点，并不排斥这一伟大发现的重要意义。它不仅对研究古代东西交通、经济和文化的交流有着重大价值，而且从楼兰古城的兴衰过程，人们将进一步了解塔克拉玛干大沙漠及罗布泊在 1000 多年间的演变历史。

13 精绝国失踪之谜

→ 尼雅遗址的发掘
→ 再现当年的风采
→ 谜底就在沙漠中

▲尼雅故城遗址。

▲ 塔里木河是著名的内陆河，水系复杂，河流众多，塔里木盆地所有河流都属于塔里木水系（郝沛摄）。

大约距今 2000 年前，在塔克拉玛干腹地的尼雅河下游三角洲地区，曾经是一片林木茂盛、碧草如茵的绿洲。那里人烟稠密，牛羊遍野，湖塘棋布，河港纵横。尼雅人依托这得天独厚的自然条件，建立起了一个繁荣昌盛的沙漠王国。关于它的情况，《汉书·西域传》中曾有过记载："……王治精绝城，户四百八十，口三千三百六十，胜兵五百人……"。这就是说，此处正是古三十六国之一的精绝国王城所在。唐代高僧玄奘赴印度取经返回东土时，曾路过这里，不过此时的精绝国已经一片荒凉，人迹罕至了。

大约三五百年之后，这个繁荣昌盛的西域古国，便被无情的沙漠给吞没了。

由于尼雅地处古丝绸之路的要冲，是佛教、伊斯兰教传入中国的必经之地，在古代的东西经济、文化交流中起着举足轻重的作用。因而，探索其文明的起源、发展过程以及衰亡的原因，有着十分重要的意义。多少年来，这里一直是中外探险家和考古工作者瞩目的地方。

尼雅遗址的发掘

20世纪初，一位名叫斯坦因的英国人曾经3次闯入了尼雅河三角洲地区，掠走了700多片佉卢文木简和50多种汉文书简。回国后，他撰写了《古代和阗》《西域》《亚洲腹地》等著作，使尼雅一夜之间轰动了整个

▶斯坦因
（1862—1943）。

▶▶斯坦因在尼雅发掘的木制椅子，雕刻精美。

世界，从而吸引了众多的"探险家"和"考古工作者"来这里考察。1959年，新疆维吾尔自治区文化厅曾组织一支考古队来这里工作，有计划地发掘了一座东汉时期的夫妻合葬墓，清理出一批重要文物。墓中棺木造型奇特，酷似一口木箱，并有四条短腿。死者身着丝绸衣服，织花和刺绣工艺精湛，图案华美。有的织物上，印有"万世如意""延年益寿宜子孙"等隶书字样。随葬的器物有铜镜、藤奁、木梳、陶器、木杯、木碗和弓、箭等。其中有两块蓝色蜡染印花布残片，是我国见到的最早出土的棉织物珍品。

由于沙漠中环境和条件的限制，加上其他各种原因，以往的考察和发掘仅停留在局部面积上，大都未能取得实质性的成果。

到了20世纪80年代末，在日本友人小岛康誉的积极倡议和支持下，由中日两国科学家组成了一支实力雄厚的考察队伍，开进了塔克拉玛干大沙漠腹地，对尼雅遗址进行了全面细致的考察、论证和试掘，整整花了3年时间，才取得了以往任何时期都不曾取得的丰硕成果。然而，这次考察，仍然未彻底撩开这座古城的神秘面纱。

▲ 小岛康誉（1942—），著名中日友好人士，日本净土宗僧侣。1988年中日联合调查尼雅遗迹时，他为日方调查队队长，并捐助部分经费。

1994年10月，中日联合考察队第一次进入了尼雅遗址，在大佛塔旁边扎下了营寨，这里是遗址的中心和主要标志。经过20多天的考察和发掘，

▲ 大佛塔建于汉晋时期，是尼雅遗址的标志建筑。

获得了许多新的资料，将人们的认识也提到了一个新的高度。事实证明，长期以来，学术界对它的建筑规模一直估计过低。

再现当年的风采

这座南北长约26千米、东西宽约7千米的精绝国故城，修筑在今新疆民丰县北尼雅河下游物阜民殷的三角洲地区。

整个建筑以佛塔为中心，分布于干涸的尼雅河两岸或湖塘沿岸，可见当时人们把水资源和生存紧密地联系在一起。

考察队仔细调查了已经发现和发掘的自然和人文遗址，其中包括大量的居民住宅残址、坟墓、城墙，以及古河道、湖塘、渠道和枯树林木等。

▲ 尼雅遗址发掘的烤馕用的窑。

▲ 土垒的墙壁。

▲ 虚掩着的门。

◀ 陶片遗迹。

◀◀ 雕刻精美纹样的
房屋门框。

房舍建筑，大多三五成群。遗址中随处可见裸露地面的木桩，它们是当年房屋的构件或门框。地基一般用麦草、牛粪等掺泥铺墁、夯实，墙壁多为红柳编成，然后外糊黏土。室内建有炉灶和贮藏窖等生活设施。最大的宅院约有十多间房屋，用途分为过道、大厅、居室、膳房、储藏室、畜圈几个部分，结构合理，使用方便。房前屋后，果树成林，品种繁多，除葡萄外，还有桃、杏、梨、桑等果木遗迹。

有的住宅里，还完整地保留了麦粒、青稞、糜谷、蔓青、羊蹄、雁爪等食品。

除此以外，这里还发现了冶炼、制陶和烙馕坑等遗迹。冶炼场中残留的矿石、烧结铁、矿渣、石凿、石球、砺石及残铁铲等，比比皆是。

在一阵大风过后，人们有时会看到地面呈现出一片动人的情景：一些绘有粗犷花纹的陶罐、陶缸、木盆等器皿和独木棺、干尸、丝绸、棉麻等织物残片，全都裸露或半裸露在遗址上，有时还能拾到五颜六色的串珠、料珠等小巧玲珑的装饰品。

令人不解的是，许多建筑物都保持着当年废弃时的完好现场情景。有的房门还半开着，就像主人刚刚离开、马上就要进来似的。

谜底就在沙漠中

时至今日，这个掩埋在大漠之中长达1000余年的西域古国，虽然已重见天日，但其神秘面纱并未彻底揭开，其中还有许多难解之谜，引起了人们的无尽思索。

其一，尼雅古城是怎样废弃的？

根据考古发掘，人们有充足的理由判定，在遥远的古代，这里河港纵横，湖塘棋布，是一片温馨的绿洲。然而，几百年过去了，农田、牧场连同祖祖辈辈居住的房宅，以及辛勤建造的城市，都被那无情的

▲ 尼雅曾经是水草丰茂的绿洲。

风沙吞噬了。那么，废弃的原因是什么呢？是植被的破坏、水源的枯竭等自然因素，还是人口增殖、战争破坏等人为的原因？也许是落后粗放的生产方式，无力抵抗一场突如其来的特大自然灾害？这些设想都没有得到有力的佐证。

不过，人们大都趋向一个共同的认识，那就是水源的枯竭、沙漠化程度的加深，迫使人们不得不放弃这座祖祖辈辈居住的城市，而另谋乐土。那么，尼雅人迁居的乐土在什么地方呢？这一过程是渐进的，还是突如其来的？这些问题，人们仍不得而知。

其二，王国的统治中心在哪里？

▲ 1959年考古发掘的司禾府印。

▲ 双耳大陶罐，夹砂红陶，肩部有分区的水波纹、弦纹和网纹。

▲ 1995年出土的"五星出东方利中国"织锦。

　　这也是一个千古之谜。从遗址的发掘中，人们找到了大量的汉文、佉卢文及古于田文的木简、木牍。这些极为珍贵的史料，多为政府的公文、指令等。令人不解的是，发出这些公文、指令的政府统治中心——王宫坐落在何方，它的大致历史年代怎样等都不得而知。

　　其三，关于大佛塔的疑案。

　　尼雅遗址中心的大佛塔，看来是此处最为宏伟高大的建筑物了。该塔结构分为3层，下面2层呈四方形，上层呈圆桶状，全塔高约5.7米，用土坯和泥砌成，造型与内地迥异，倒与印度佛塔的风格相近。

　　佛塔的建筑，反映了尼雅人的宗教意识与外界文化交流的情况。但奇怪的是，这里除了独树一帜的孤零零的佛塔外，再没有其他任何配套设施，诸如庭院、围墙、殿堂等建筑。这就更加令人迷惑了。

　　总之，大漠之神给我们制造了许多难解之谜。我们深信，随着科学的发展、先进仪器的运用，我们的探险和考古事业将得到进一步的发展，尼雅王国的神秘面纱，定将完全被我们揭开。因为，谜底就在沙漠之中。

14 跨越大漠的高僧

→ 法显走马西天道

→ 唐三藏偷越国境

▲ 新疆塔什库尔干塔吉克自治县东北部石头城遗址前的河流。石头城汉代时为西域三十六国之一的蒲犁王都，唐朝政府在此设葱岭镇。

据传，早在公元前 5 世纪时，佛教便在古印度的迦毗罗卫国诞生了。东汉明帝时便经西域传入我国。后来经过几百年的传播与发展，逐渐成为我国影响最大的宗教。魏晋南北朝时期，礼佛之风日炽，出现了许多佛经大家和高僧，翻译和研习佛经成了时髦的风尚。

南朝的齐国皇帝萧衍就笃信佛教。他在位时，曾躬亲实践，大力提倡。当侯景作乱时，竟以身相殉，饿死台城，可说是为信仰献出了生命。

自此以后，具有独特艺术风格的宗教建筑遍及我国名山大川和大小城镇。唐代诗人杜牧的"南朝四百八十寺，多少楼台烟雨中"反映的还只是局部地区的情况。据有关资料记载，到了北魏末年，仅洛阳城内就有寺庙 1000 多座，加上全国各州郡的，就不下几万座了，可见当时佛教势力的强盛。

随之而来的就是全国掀起的"朝圣"和"取经"热潮，印度成了信徒们梦寐以求的圣地。然而，山高路险，海阔天遥，真正能实现理想的人并不多见。

▼ 洛阳白马寺建于东汉明帝时期（约公元68年），是佛教传入中国后由官府兴建的第一座佛教寺院。

法显走马西天道

法显，俗姓龚，今山西襄垣县人，约生于公元337年，是我国东晋时代的著名僧人。还在他幼年时代，3位兄长便先后夭亡。为了祈求神佛的保佑，刚满3岁，父母便将他送到寺庙抚养，以便消灾弭难。20岁时，正式剃度为僧，取名法显。

公元399年（东晋安帝隆安三年），62岁的法显决定去天竺朝圣取经。他邀约了9位僧人，组成一支探险分队，从长安出发，西行经甘肃靖远、张掖，出玉门关，于次年7月16日抵达了敦煌古镇。

敦煌是古代东西交通的中转重镇，来往的中外客商颇多。法显等人在这里滞留了一个月左右，仔细调查并掌握了继续西行的有关地理情况、关隘设置以及沿途的民俗等资料，同时准备了跨越沙漠的充足生活用品。

8月中旬的一天，法显一行便进入了一望无际的沙海。

从敦煌到鄯善（在新疆吐鲁番附近），须经一段十分艰险的旅程。那里的沙漠气候干热，昼夜温差很大，内地的旅客极易染上疾病。最令人难以招架的，是沙漠中经常刮起干热的暴风，往往搅得天昏地暗，沙石横飞。

▲ 法显（约337—420）

▲ 法显取经画像。

▲ 法显译经画像。

人们得及早提防，才能免遭灾祸。后来法显在他的《佛国记》中有过这样的追记：沙漠中要是遇到这种魔鬼般的热风就会招致死亡，无一幸免。好在他们运气不错，虽然遭遇过几次袭击，但风势一般较弱，加上他们早已将驼马转移到了避风的低谷，所以没有受到大的损失，只是吹落了几袋食物。

开始几天，他们体力尚能支撑，可是，越到后来，就越显得疲惫不堪了。甚至有的僧人拖得骨瘦如柴，无法继续前进，最后便倒毙在旅途中。

在沙漠中跋涉异常艰苦，只要睁开双眼，横在你面前的全是荒凉和死亡的世界：天空一片湛蓝，除了灼人的阳光外，没有一丝飘逸的云彩，更不见鸟儿飞翔；地上死一样的沉寂，听不见野兽的嗥叫，只有那浩瀚无垠的沙漠在炽热的阳光照射下，发出烘烘的火响。

在沙漠中旅行，最令人担心的还是迷失方向。如果发现这种情况，至少要经过九磨十难才能走出困境。一旦饮水断绝或发生其他情况，就可能丢掉性命。

然而，他们从实践中摸索出了一条经验，以倒毙在沙漠中旅人的白骨或遗物作为标志，步步为营，摸索前进，才避免了不幸事件的发生。

经过 17 天的晓行夜宿，饥餐渴饮，法显一行终于到达了鄯善古国。

在这里，他们休整了一个多月，接着又走了 15 天便抵达新疆的焉耆县。这时，塔克拉玛干大沙漠，如同一片茫无边际、波涛汹涌的黄色海洋，威严地横阻在他们的面前，隔断了他们的去路。

塔克拉玛干在我国新疆南部塔里木盆地，是我国最大的沙漠，它东西长 1000 余千米，南北宽 400 千米。瑞典探险家斯文·赫定称之为"死亡之海"，

▲ 塔克拉玛干沙漠被瑞典探险家斯文·赫定称为"死亡之海"。

可见这里的自然条件是多么的恶劣。在沙漠的中心和东部，年降雨量不足10毫米。除了沙漠边缘的绿洲和沿塔里木河河道两岸有限的植物生长以外，绝大多数地域是流沙构成的沙丘，远远望去，就像大海里的巨涛，起伏连绵，没有尽头，最高的竟达200多米。这里经常风沙弥漫，寸草不生，而且很难找到水源。在设备极端简陋，特别是没有后方救援的情况下，要想通过塔克拉玛干是非常危险的。

然而，法显一行硬是凭着自己的毅力和坚韧不拔的精神，闯进了这个"死亡之海"。他们整整用了一个月又五天的时间，穿行在茫茫的沙海中。白天气温很高，阳光灼人，加上容易遭受沙暴袭击，而且身上水分蒸发很快，他们就白天休息，躺在临时挖的沙洞里，一动也不动，里面凉丝丝的，倒觉舒心快意。到了晚上，便观测星象，辨认方向，艰难地向前走着。法显后来在《佛国记》中写道："行路中无居民，沙行艰难，所经之苦，人理莫比。"

然而，法显一行毕竟熬过来了。一天下午，他们终于到达了于田。

此后的行程虽然远离了沙漠，但就其艰险而论，则远比跨越沙漠更为困难。他们要翻过帕米尔高原，那里高山迭起，地势险峻，终年积雪，杳

▲ 帕米尔高原位于天山、昆仑山、喀拉昆仑山三大山系交汇处，古代丝绸之路的南道、中道都从这里越过，而后向西通往西亚、南亚及欧洲各地。

无人烟。特别是攀登葱岭时，那陡峭的绝壁，斧削般迎面而来。他们行进在悬崖边沿的羊肠小道上，稍不小心，便有葬身幽谷的危险；再加上三天两头暴风雪的袭击和雪崩的不时发生，行程之艰辛，远非一般青壮年汉子所能忍受，何况法显此时已是 64 岁的老人了。从长安一同出发的旅伴，有的没走一阵子便打了退堂鼓，有的虽未退却，但大多病死在路上，只有法显和剩下的几个旅伴，面对白雪皑皑的冰峰雪谷，又走了一个多月，终于站到了奔腾咆哮的印度河岸边。

后来，他们大约用了 10 年的时间，漫游了南亚次大陆的许多国家和地区，遍访了那里的名寺古刹，收集了大量的佛教经典。直至公元 411 年 8 月，74 岁高龄的法显大师，才搭乘一艘波斯商人的船只返回了祖国。

法显不畏辛劳的伟大探索精神和开拓中印思想文化交流渠道的光辉业绩，鼓舞了后辈志士，沿着他的足迹，走出了一条通向西域的坦途。

▲ 法显取经回来后在今青岛崂山南岸一带登陆，并在其靠岸登陆处创建了石佛寺。不久，法显到达建康（今南京），致力于翻译其带回的佛经，还根据自己的见闻写成《佛国记》一书。

唐三藏偷越国境

唐僧西天取经的故事，看过《西游记》的人都很熟悉。那是一部充满了离奇幻想的浪漫主义小说，但其中的主要故事唐僧取经却是历史上的一件真实事情。不过，现实中的事情和小说中的描绘相去甚远，旅行中的遭遇更是大相径庭。如果说有什么共同之处，那就是生活中的唐僧确实也像小说中描绘的一样，经历了千难万险、九磨十难，才到达理想境界。

▲ 玄奘负笈图。

唐僧，就是玄奘，隋末唐初人，本名叫陈祎。12岁时，他在洛阳净土寺剃度为僧，后来被尊为三藏法师。

唐朝初年，佛教内部派别林立，门户繁多，对教义的理解众说不一。为了改善这种局面，玄奘决心去印度研习佛经。

然而，唐初国内政局并不稳定，边境也不安宁，朝廷严格限制百姓离境。虽经再三请求，他的愿望也未能实现。

看来，他只有偷越国境了。

一次千载难逢的机会终于到来。唐贞观元年，河南、甘肃一带发生严重自然灾害，饥寒交迫的农民只得背井离乡，就食京畿。为了缓和灾民同政府的矛盾，减轻首都压力，李世民发布命令，允许农民易地谋生。于是，出现了唐兴以来规模最大的移民大潮。玄奘便不失时机地混入灾民中，悄悄地离开了长安，向甘肃方向前进。

由于玄奘是名震京华的佛学大师，朝廷很快察觉了他企图偷越国境的意向，便令凉州都督李大亮务必将其截获并遣送回长安复命。由于消息泄露，玄奘连夜逃奔瓜州（在今甘肃安西附近）。幸得刺史独孤达的帮助，才得暂住下来。不久，一个名叫石槃陀的西域人自愿护送他上路。玄奘欣喜万分，便连夜随他出发了。

从瓜州向西，沿途得闯过许多关隘哨卡，唐军对偷越国境的人盘查得非常严格，一经认定，便可就地处决。

在到达边关的第一座烽火台时，玄奘立即暴露在守军的监视范围之内，顿时一阵乱箭飞来。玄奘无奈，只得向守军头领说明越境意图。碰巧这位武官也是个虔诚的佛教信徒。不但没有难为他，反而热心款待，次早送他上路，并关照沿途各烽火台为他放行。至此，他偷越国境的行动便顺利完成了。

然而，当巍峨的烽火台在大漠中消失之际，他便孤身闯关入了渺无人烟的莫贺延碛。这就是甘肃安西与新疆哈密之间广阔无垠的 400 千米的大戈壁滩。

这里是比沙漠还要荒凉的石质戈壁，到处是砾石，寸草不生，禽兽绝迹。白天，骄阳似火，热气蒸腾。有时，乌云压顶，狂风卷石。人马稍不提防，便有葬身荒滩的危险。夜晚的戈壁滩，更是令人恐怖。绿色的磷火随风飘动，明暗莫测，宛如游走的幽灵。但这些艰难困苦是挡不住玄奘西行取经的决心的。他要用坚韧的意志和不可动摇的信念，去战胜一切阻碍他前进的任何力量。

关于他跨越沙漠的艰苦行程，至今仍流传着许多惊心动魄的故事。其中有"唐僧独闯白龙滩""悟空三调芭蕉扇"等。据说，唐僧等人上西天取经途中，路过瓜州，休息了一段时间后，便要闯进白龙滩了。白龙滩是个"生命的禁区"，除了起伏的沙丘和干涸的盐碱泽地外，可说是寸草不生、禽兽绝迹的荒漠地带。

当地人告诉他，这沙漠里是去不得的，最好死了这份心，免得丢掉性命。

可唐僧是个极端执著的人。他想自己费尽千辛万苦，冒着杀头的危险

▲ 今甘肃瓜州县境内的锁阳城曾是唐代瓜州郡治所，相传玄奘从其北门出城，由此西往。

▲ 锁阳城北城墙，有"玄奘出城处"标记。

沙漠大探险

偷越国境，还不是为了取得真经？如今事已至此，宁可死在这白龙滩里，也不能半途而返。然而，他的伙伴动摇了，只剩下唐僧一人，骑着一匹白马，闯进了这令人谈虎色变的死亡世界。

说起白龙滩，瓜州一带还流传过这样的民谣："天上无飞鸟，地上不长草，狂风卷沙石，白龙隐没了。"

这地方不说犹可，一说起来就是今天也会令人毛骨悚然的。它就是现在新疆东南部的罗布泊一带。这里是塔里木盆地的最低处。气候干热，水分蒸发量大。干涸的"盐泽"（罗布泊的旧称）附近地面，日积月累地结了一层 1 米多厚的坚硬的盐壳，由于长期的风化作用，便成了一坎一坎的半月形，远远望去，就像想象中的龙鳞一般。在阳光的照射下，白花花的一片闪动着耀眼的光芒。因此人们便叫它白龙滩。这种景象只有在晴朗的日子才能看到。要是天气突变，狂风卷起砂石，天地一片昏暗，平时的"白龙"便隐没到无边无际的沙海中去了。

据说，唐僧独自一人，在白龙滩中受尽了折磨。白天，太阳像炽热的大火球，烤得他皮肤灼痛；夜晚，气温又大幅度地下降，他只好偎依在白马的腹下取暖。开始几天，倒还顶得过去，可时间一长，就难以忍受了。

▲ 罗布泊气候干热，水分蒸发量大，
日积月累结成了一层厚厚的盐壳。

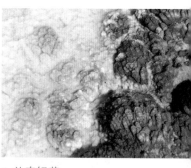

▲ 盐壳细节。

这时，他嘴唇干裂，四肢乏力，特别是饮水一天天减少。看来，他真的要死在这白龙滩上了。

然而，玄奘没有气馁，求生的欲望使他鼓起勇气，用双手在沙石上刨了一个很深的洞穴，像野兽一样地钻进去，吸进了几口潮湿的空气。待体力稍稍恢复后，便支撑着疲惫的身子，继续往前移步。

这天下午，天气仍像往日一样晴朗，唐僧的心情十分舒畅，因为不需多时，他就要走出白龙滩了。谁料就在这时，天气突然变化，刹那间，乌云如堵，狂风大作，卷起的黄沙弥漫了整个天空。唐僧来不及躲避，半截身子立刻被掩埋在沙石之中，不久便失去了知觉。待他苏醒过来，只见眼前尽是人畜的白骨。他有些胆怯，想尽快离开这片死亡的地方，但已迷失方向，加上他的白马已不知去向，便坐在沙地上稍息片刻。

后来，他终于走出了这个令人恐怖的神秘沙漠。

除了这个故事以外，还有唐僧师徒翻越火焰山的故事。现实中的火焰山就在当时的高昌国，也就是现在新疆的吐鲁番地区。这里周围都是一望无际的戈壁滩。由于气候干热，当时要想通过这一地区，还是险象环生的。不过玄奘在这里并未遇到多少困难，因为高昌国王也笃信佛教，对他十分

▲ 玄奘取经路上曾经翻越火焰山。

钦佩。当玄奘到达这里时，国王热情地接待了他，留他休息了一个多月，临行前又赠给他大批衣物、银两、马匹，并派几十名僧人、民夫护送。为了旅途方便，国王还亲笔写了书信，派大臣随玄奘拜谒西突厥最高首领叶护可汗，请求为他提供安全保证。

离开高昌国后，玄奘一行便沿着丝绸之路从天山南麓，经阿耆尼国（今新疆焉耆回族自治县）、屈支国（今新疆库车），越过天山的穆素尔岭，到达了西突厥的素叶城（托克马克）；然后，沿中亚荒漠的南缘，翻越葱岭，穿过铁门，取道阿富汗，到达了他为之舍生忘死的取经之地——印度。

当然，玄奘的印度之行所经历的磨难，远远不止穿越沙漠时这些。例如，他们攀登穆素尔岭的冰峰雪山时，为了防止在崎岖的小道上滑入绝壑深渊，只得用绳索将人马串接在一起，小心翼翼地向前移步。夜晚，寒风凛冽，砭人肌骨，他们又不得不钻进冰洞里避风。大声说话是绝对禁止的，因为造成冰塌就有可能葬身幽谷。他是出于宗教的目的前往印度，但和他本人的意愿相反，人们最为敬佩的是他那不畏艰险、勇于探索的崇高精神。他的巨著《大唐西域记》，是对世界探险史的最大贡献，受到中外学者的关注，至今仍是研究中亚、南亚和中西交通史，以及这些地区的风俗习惯、民族历史、宗教文化、物产资源等方面情况的重要历史文献。

15 艰难的东方之旅

→ 首次来到中国

→ 穿越丝绸之路

▲ 翻越帕米尔高原是丝绸之路上最为险峻的一段路程。

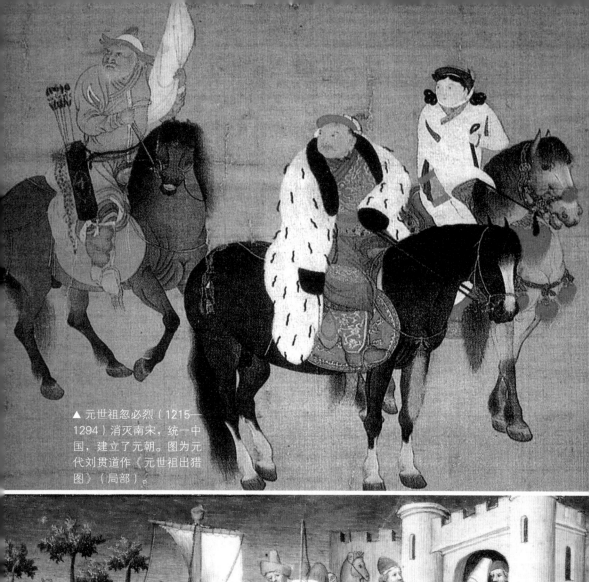

▲ 元世祖忽必烈（1215—1294）消灭南宋，统一中国，建立了元朝。图为元代刘贯道作《元世祖出猎图》（局部）。

▲ 马可·波罗旅行画像。

首次来到中国

1254年，马可·波罗出生在意大利威尼斯一个商人的家庭里，他父亲和叔叔都是腰缠万贯的巨商。

马可·波罗的少年时代，世界形势发生了很大的变化。铁木真发动的大规模战争，把亚洲和欧洲东部的广袤地区，变成了自己的领地，建立了横跨欧亚两洲的蒙古大帝国。它的版图，西抵黑海、高加索、叙利亚一带。1279年，元世祖忽必烈消灭了南宋，统一了中国。

▲ 马可·波罗（1254—1324）。

蒙古帝国在建立的过程中，一方面给亚洲和欧洲许多国家和地区的人民带来了深重的灾难；另一方面，长期以来被隔绝的东西交通，由于置于统一的政权管辖之下，便成为了通途。为了方便欧亚贸易往来、促进东西方经济交流，蒙古统治者在他们控制的地区建立了完善的驿站制度。驿站除了必要的生活和交通设施外，还派有军队保护，使旅客通行无阻。过去一些国家设置的关卡哨所，均已奉命撤销，过往商贾，只需携有蒙古大汗赐予的金牌，便可通行无阻。

1260年，可马·波罗的父亲和叔叔到土耳其的君士坦丁堡（现名伊斯坦布尔）经商，后来他们渡过了黑海，在克里米亚半岛（位于乌克兰，临黑海和亚速海）南端登陆，到了金帐王国（成吉思汗长子术赤的封地）的都城萨满（今伏尔加河下游）。在那里，他们得到了国王和当地贵族的善待。

3年后，一位奉命朝觐蒙古大汗忽必烈，路过布哈拉城的伊儿汗国（成吉思汗孙旭烈兀的封地）使臣，将他们带到中国，见到了忽必烈大汗。不久，便踏上了归程。他们在路上走了3年多的时间，于1269年回到了阔别十载的威尼斯城。这时，马可·波罗已经15岁了。

穿越丝绸之路

两年以后，当他的父亲和叔父再次去中国时，马可·波罗渴望着随他们同行。这一要求得到了他父亲的应允。

1271年11月，当地中海温和多雨的冬季到来之时，他们登上了一艘开往小亚细亚半岛的航船。在这里登岸后，便开始了漫长而艰险的东方之行。

由于巴比伦苏丹入侵亚米尼亚的战争阻隔，马可·波罗一行只得绕道南行，沿着底格里斯河谷（在现伊拉克境内），到达巴格达后，顺波斯湾南行至霍尔木兹（波斯古城，今伊朗东南米纳库附近）。从这里到中国，水陆两路都可通行，但他们选择了陆路，这就是历史上沟通东西经济文化交流的"丝绸之路"。当他们穿过叙利亚、伊拉克，进入伊朗高原后，干旱缺水的沙漠便横卧在他们的面前。开始时，他们的驼队行走得还很顺利，备用的饮水基本上满足了人畜的需要。可走了几天以后，情况便发生了变化，带来的水已所剩无几，沿途又找不到水。即使偶尔找到一点，也只能望梅止渴，因为这种绿色的泉水，又咸又涩，根本不能饮用。如果偶尔喝进一口，便会呕吐不止。

由于缺少饲料，负重的牲口也倒下好几头。他们只得就地搭起帐篷，一边休息，一边派人到周围找水。通过几天的努力，终于在离他们宿营地约5千米处，找到了一口水井，周围有人畜活动过的痕迹，而且曾经有人架设过帐篷。一切迹象表明，这口井里的水是能喝的。

他们终于得救了。马可·波罗高兴得大嚷起来，父亲和叔叔紧锁着的眉头也舒展开了。

第二天，他们用过了早餐，喂饱了牲口，带足了淡水，便径直上路了。

以后的行程，他们虽然未出现过断水的情况，但跋涉艰难，旅途寂寞，甚至一连几天看不见人烟，只有那干涸的沙漠和一望无际的荒原。

他们终于跨越了伊朗高原，往东进入了阿富汗境内。当走到阿富汗东北端的巴拉香省时，马可·波罗一病不起。经过延医诊治，病情稍有好转。

▲ 世界上 14 座 8000 米以上的高峰都与帕米尔高原有关,因此这里又被称为 "万山之祖"。

　　这里冈峦起伏, 树林阴翳, 芳草鲜美, 清泉淙淙。特别是山顶上空气清新, 对人体的健康十分有利。当地人患了热病或其他炎症, 就移居山上休养。马可·波罗听从当地人的劝告, 在山顶赁屋将息一年, 体力才完全恢复。

　　接着, 马可·波罗一行继续前进。他们翻过了号称世界屋脊的帕米尔高原, 这是 "丝绸之路" 最艰险的一段路程。他们在杳无人烟的冰峰雪岭中整整走了12天, 终于来到了我国西部新疆的喀什。

　　他们沿着塔克拉玛干大沙漠的西部边缘从叶尔羌到达莎车, 继而沿着大沙漠的南缘经过和田和且末, 然后穿过大沙漠的东部边缘地区到达罗布庄。

　　这段行程, 虽然没有深入沙漠腹地, 但旅途仍然是十分艰苦的, 不仅要忍受长途跋涉的辛劳, 还要忍受炎热太阳的灼烤。一次, 暴风骤起, 铺天盖地的黄沙向他们迅猛卷来, 令他们猝不及防, 只得滚下驼鞍, 趴伏在沙地上。待风暴过后, 才从沙堆里钻出头来, 这时, 就连他们的耳朵里, 也灌满了黄沙。

　　罗布庄位于塔克拉玛干沙漠的东部边缘、罗布泊沙漠的入口处。这里的居民大都信奉伊斯兰教。所有经过这片沙漠的商旅, 一般都要在这里休

息一段时间。一方面恢复体力，解除疲劳，另一方面又可以在这里备办未来行程所必需的生活用品。所以罗布庄在历史上一直是东西交通要道上的一个重要驿站。这个沙漠小镇，位于著名的罗布泊附近，可惜后来被大漠的风沙给吞噬了。

不久，他们又从罗布庄启程，跨越了广阔的沼泽和沙漠，以及寸草不生的秃岭，整整用了一个月的时间，才到达了甘肃的敦煌。接着又取道酒泉和张掖，经宁夏，到达了他们旅行的终点——上都（今内蒙古多伦）。这时，已是1275年了。马可·波罗一行在路上整整跋涉了三年半的时间。他们受到了厚待，并获得了许多赏赐。

后来，马可·波罗等被忽必烈留在中国，前后共生活了17年。在此期间，他几乎游历了当时中国的大部分地区，远远超过了有史以来的任何一位欧洲的旅行家。

马可·波罗于1292年离开大都，3年后回到了阔别24年的祖国。从此，也结束了他们一生热爱并为之献身的探险事业。

▲ 位于内蒙古多伦县的元上都遗址。上都是元朝第一个首都，元朝以上都为中心的四通八达的驿路，打破了欧亚大陆上的封建诸侯城邦的壁垒，连通了欧、亚、非三大洲之间的交通。

▲ 元上都南门遗址。元上都核心区中的宫城正南建有御天门，皇帝在上都期间所下达的诏旨，都要在御天门发布，然后送往大都，再转发全国各行省。

▲ 元上都遗址航拍图。

16 沙漠里的帆板

▲ 非洲西南部的纳米比沙漠，是世界上最古老的沙漠，以艳丽的红色沙闻名。

▲ 库姆塔格沙漠的早晨，光线柔和，从直升机上俯瞰摩托车手翻越沙梁，远处的沙漠表现出极丰富的层次和韵律（宋永川摄）。

像一个长跑运动员一样，他的"航行"快到冲刺的时候了。说来也怪，越是快到终点，他操纵起来就越顺手，"沙舟"几乎是在地上飞行。

这最后的 200 千米，总共才花了 6 个小时便走完了。

这天，非洲塞内加尔首都达喀尔热闹非凡，大街上人潮涌动，挂满五颜六色饰物的人们激动地向他欢呼，像迎接凯旋的战士一样。

亚尔诺舍舟登"岸"，高兴得几乎忘了本性。他狂笑着、跳着，把双手举过头顶，两眼含着热泪，一次又一次地向欢呼的人群致意。

异想天开

一天，33 岁的法国人亚尔诺在海滨漫步。只见汹涌的浪涛中，几位身着蓝色运动服的青年，正熟练地操纵着帆板在海浪中嬉戏，时紧时慢，时高时低，就像贴着水面飞行的海燕一样，是那样地灵活自如。他看得出神时，还不由自主地为他们喝彩。

这天夜里，一个奇想占据了他的心头：

"能不能制造一种在沙漠中航行的小舟，用来创造新的探险纪录？因为迄今为止，世界上那些征服过撒哈拉的英雄好汉中，还从没有人使用过这种新型的交通工具。如果能够成功，那将是一鸣惊人的壮举，比起乘坐汽车、自行车跨越沙漠，会更加引人注目，也会更加具有创纪录的意义。"

亚尔诺开始行动起来，工具也设计好了，他的设

▲ 沙漠探险是人类的梦想之一。1935 年，在美国新墨西哥州的白沙国家公园，追求刺激的人们驾驶汽车滑下陡峭的沙丘。

计方案早已酝酿成熟，就是用一块结实的装有 4 个轮子的长形木板，上面架起一张可以随意转动、便于操纵的约 6 平方米的布帆，利用风力，使帆板走得更快。亚尔诺把它叫做"沙舟"。

工具造好后，他到沙漠中进行了反复的实验，大量的科学数据证明，他的设计是可行的。

不久，亚尔诺向报界公布了酝酿已久的雄心勃勃的探险计划：他要驾驶自己制造的"沙舟"，沿着濒临大西洋的西非海岸，从毛里塔尼亚的滨海城市努瓦迪布南下，在撒哈拉大沙漠上滑行 1100 千米，到达塞内加尔的首都达喀尔为止。为了万无一失，他到西非摸清了有关气候、风向、沙漠等情况，在沙漠中进行了适应环境、忍耐饥渴，以及应付紧急情况等强化训练。这次旅行，自然力将成为他的主要依靠，天不助人，就可能断送他的全部计划和性命。

初遭挫折

亚尔诺信心十足地登上了"沙舟"。这时，正值正午时分，炽热的阳光，照射在白色的沙子上，闪烁着耀眼的银光。他像一名战士，炯炯的双目显示出必胜的信心。在一阵欢呼声中，借着一股强劲的东北风，"沙舟"便驶离了欢送的人群。它像离弦的箭一样，很快消失在浩瀚无边的沙海中了。

这一带濒临海滨，沙子洁白细小平整，滑行起来得心应手。他满不在乎地猫着腰站在窄窄的木板上，可谓一帆风顺。这时，他觉得眼前的一切，并不像人们想象的那么可怕，大自然也并不像人们描绘的那么残酷。

但是，好景不长。大约走了不到一个小时，接二连三的麻烦事就搅得他不得安宁。他从未料到沙漠里会长出植物，那一丛丛矮小的带刺灌木，就像埋在沙里的地雷，时不时刺破"沙舟"的轮胎，有时听见一声爆炸，"沙舟"便躺在地上一动也不动了。这种事在很短的时间里竟发生了 10 次，逼得他不得不停下来修理。

亚尔诺第一天的旅程并不是孤单的，摄影师弗朗索瓦和毛里塔尼亚的两名军人，驾驶着越野汽车一直尾随在"沙舟"的后面，为他的探险行动保驾护航。他们不仅帮着修补轮胎，晚上还一同睡在沙丘旁的帐篷里。

这一夜，亚尔诺辗转难寐。出师不利，虽使他的情绪低沉，而他却未想过退缩。既然踏上了征途，就要舍死忘生地奔向目的地。这是他坚定不移的信念。

逆来顺受

第二天，那些盘踞在沙漠边缘的小灌木便不见了，他的小舟航行在高低起伏的沙浪上。饱览着苍茫的旷野景色，心胸显得格外开朗。他觉得自己操纵的仿佛不是一叶"沙舟"，而是一艘满载着人类智慧和勇敢的伟大航船。他的成功，将使世界为之瞩目。想到这里，他情不自禁地小声歌唱起来。关于此时的心情，他曾在日记中写道："这儿是一片没有垃圾、没有噪音、没有人烟的干净的土地，尽管这次旅行是单枪匹马，

▲ 特技飞行员们驾驶约旦皇家空军的猎鹰战机，从荒凉的Ramm河谷上掠过。

但并不感到寂寞，因为我已经和大自然融为一体了。我的心在跟它交谈，并为它的特殊魅力所倾倒。"

这一天，他滑行了 131 千米。虽然有些劳累，但凭借他强健的体魄和顽强的毅力，似乎眼前的这点困难算不了什么。如果不发生意外的话，他的探险计划将如期顺利完成。

不过，这需要智慧和清醒的判断力。沙漠里没有人迹，也没有道路，

沙丘的形状又仿佛是一个模子塑造的，前后左右都是一个样，要是陷入沙丘的迷魂阵中，辨不清方向，那就无法前进了。为此，亚尔诺便参照太阳的位置、风向和安装在"沙舟"上的指南针，随时掌握前进的方向。一出现偏差，便立即纠正。

为了适应沙漠旅行的恶劣环境和意想不到的困难，从第一天起，便有计划地控制饮食，尽量少吃少喝。一天大约耗费 2 升饮料以及少量的椰枣、橘子和饼干。

操纵"沙舟"很劳累，时间久了便难以支持：首先是腰酸背痛，接着是手掌磨起血泡，粘结后连手套都脱不下来，加上滑行时神经高度紧张，体力消耗严重，一天下来，累得他几乎瘫倒在地上。

这天傍晚，亚尔诺有幸碰上了一伙牧民，便在他们的帐篷里住宿下来。刚刚安排就绪，一股诱人的肉香从帐篷中飘散出来。亚尔诺经过一天的旅途折腾，早已饥肠辘辘，便向主人买下一头绵羊，宰杀后用火烤熟，狼吞虎咽地大吃了一顿，剩下的放在食品袋里，准备第二天享用。

险象丛生

亚尔诺在第二天的行程中，就遭遇沙暴的袭击。大概是下午 3 点钟的时候，从西南方向升起了一堵乌云，很快弥漫了整个天空，一场铺天盖地的沙暴卷来了。亚尔诺连忙收起风帆，躲在一座沙丘北坡的低洼处，从空中卷来的细沙和砾石，一层层地倾泻在他身上。2 个小时后，云散天开，沙漠又恢复了往日的平静。亚尔诺被飞沙掩埋在木板底下，只剩下上半截身子露在外面。尾随他的伙伴花了好大力气，才把他从"沙舟"下拖了出来，这时，他的脑袋还严严实实地包在帆布里，只露出一张大而厚的嘴巴。

第四天沙漠里风平浪静，空气就像凝固了一样，闷得人喘不过气来。没有了风，就像汽车没有汽油一样无法行驶。面对自然的胁迫，他不得不停止前进。尾随的越野车向前开走了。这天他在沙地上用倒过来的"沙舟"

和风帆架成一个临时的帐篷，孤零零地躺在里面，吃了几块羊肉，喝了一点饮料，便躺下来睡着了。

到了夜半，他被一阵震撼人心的轰隆声惊醒，原来是海潮到了。他急切地收拾好行囊，

▲ 撒哈拉沙漠的沙丘，每天都被风雕刻出不同的形状。

拖着"沙舟"转移到了安全的地方。到了后半夜，他又受到一群饿狼的骚扰，鸣枪示威才赶走了那吃人的狼群。5天过去了，仍然风平浪静，万里晴空，他期盼着第六天的来临……

这天早晨，空气似乎有些松动，他发现自己鬓间的几根头发在摇晃，这说明有微弱的风力。他不能坐以待毙。他想前进，哪怕是缓慢的蠕动也比滞留原地好些。于是他成了一个纤夫，拉着他的小舟在沙海中艰难地跋涉。这天，他终于到达了毛里塔尼亚的首都努瓦克肖特。计算里程，才走了全程的一半。

他休整了一天。尽管连日来肠胃不适，但到了第八天早晨，还是整装出发了。此后的一段路程，他再也没有人保驾、做伴，成了天涯孤旅，因为先前的两名军人奉命回到了部队。

他的"沙舟"继续在沙漠的大海中航行。

摄影师弗朗索瓦驾驶着飞机在空中盘旋，搜索他的行踪。花了好几个小时，都看不到亚尔诺的影子。第九天、第十天过去了，还是没有音信。

柳暗花明

弗朗索瓦觉得在这浩瀚无垠的沙漠里去寻找一个迷路的探险家，单靠

▲ 塞内加尔河是毛里塔尼亚同塞内加尔的界河，蜿蜒向西，注入大西洋。

▲ 如今人们已经用各种现代设施在沙漠冲浪。

个人的力量是不够的。他决定请求外界的救援。谁料到了第十一天，亚尔诺竟神奇地出现在位于塞内加尔河北岸的罗索镇上。这条河是毛里塔尼亚同塞内加尔的界河，难怪摄影师搜寻了几天都不见他的踪影。究竟发生了什么事呢？原来他从努瓦克肖特出发不久，便因身体虚弱昏迷过去，待苏醒后已是半夜时分。第二天，又转换了风向，他被迫朝东行驶，所以偏离了原来的路线。第十天，又遇到了警察的刁难，纠缠了好半天

才得脱身。为了当夜赶到罗索，他没有宿营，趁着皎洁的月光，张起鼓胀的帆翼，"沙舟"的时速达到了 60 千米左右。这就是他第十一天能到达罗索的原因。

亚尔诺在这里只作了短暂的停留，继续踏上征途。为了早日结束这次冒险的旅行，他不听别人的劝阻，想抢在涨潮前渡过塞内加尔河，谁知刚到河心，便被汹涌的激流连同他的"沙舟"一起冲入了大西洋中，幸得一位渔民的救助，才免于丧生。

不久，他终于投入了达喀尔的怀抱。总共花了 13 天的时间。

17 "漂越" 大沙漠

→ 难耐的干渴

→ 白骨与枯井

→ 最后几滴水

→ 救命的热风

▲ 热气球的唯一飞行
动力是风。图为迪拜
的沙漠热气球旅行。

▲ 长途飞行时，热气球需要搭乘速度和方向都合适的高空气流，并随之调整高度。

难耐的干渴

乘热气球飞越撒哈拉大沙漠，这还是第一次。经过长时间的航行，弗尔久逊博士、凯乃第和乔乘坐的维多利亚号热气球终于接近了撒哈拉大沙漠的腹地。然而，他们所剩的饮水已经不多了。

早上，天空又是一片湛蓝，不见一丝云彩。气球升到空中，好容易找到一股微弱的气流，维多利亚号才缓缓地向西北飞去。

"我们完全没有前进，"博士焦急地说，"可是，到哪儿去找水呢？"

"我们会找到水的，"凯乃第答道，"在这么大的地方，不可能找不到河流或者湖塘。"

"愿上帝保佑！"

话虽这么说，其实大家心里都很明白，在这浩瀚无垠的撒哈拉沙漠中，有时骆驼队走上好几个星期也找不到一滴可供饮用的水。因此，他们都非常细心地注视着每一个哪怕是看上去很小很小的山谷。

近几天来，经历了一系列的挫折，诸如空气凝滞，饮水断绝，给他们的心头蒙上了一层阴影。大伙儿很少交谈，更听不到欢快的笑声。

这种情绪的变化，自然环境也起了催化作用。俯瞰大地，不仅看不到村庄，就连孤零零的草舍也看不见一座。在白茫茫的沙土和火红的石头之间，只有稀稀落落几株蔫萎的乳香树和几丛矮小的灌木。这种干旱的征兆更加重了弗尔久逊博士的忧虑心情。

看样子，骆驼队从来没有到过这荒漠地区。否则这里总会留下骆驼队露宿的痕迹，或者是人和牲口的白骨。他们都预感到往后的路程，马上要

▲ 热气球的飞行原理是：燃烧器加热球内空气或其他气体，使球内气体比外面的空气轻，热气球就升上了天空。降落时，放出热空气，使较重的冷空气取代热空气即可。

和那无边的沙漠为伴了。

"能后退吗？自然是不可能。"博士想着，"只有前进，才有生路。"

他们并没有过高的要求，只希望来一场风暴把他们刮出这片死亡的地区。然而，天上连一丝云彩也没有。这天，热气球仅走了近30千米。

如果不缺水的话，这样的行进速度也许能给他们带来一些好运，比如发现一些有价值的地质、生态资料之类的东西。然而，现在的情况却令人忧虑。因为剩下的水总共只有3加仑了，其中2加仑还要留给气球的燃烧嘴用。就算这样，充其量也只能制造出480立方米的气体，可供54小时飞行。

博士向他的同伴讲明了情况，并断然作出决定："为了不错过任何水源，我决定夜晚停止飞行！这样，我们还可以维持3天半时间。也就是说，在这段时间里，无论如何也得找到水。否则……"说到这里，他突然停了下来。凯乃第和乔都清楚他的意思，但谁也不愿清楚地说出来。

这天，维多利亚号在山谷里的一块高地上过了一夜。说是高地，其实海拔只有800米，这一情况给博士带来了一线希望。他想起了地理学家的推论：在非洲中央可能有一个大湖。如果这话当真，那就是不惜一切代价也得飞过去，可惜现在仍然风息气凝，没有丝毫变天的迹象。

晚餐后，每人只喝了很少的一点水。

第二天清晨，他们的气球又升空了。太阳刚跳出沙海，空气就滚烫起来。他们本可以飞得很高，避开炎热的气层，但这要耗费更多的水。那是绝对办不到的。

空气沉重得像铅水一样。气球半天也没有挪动一下；也许挪动得十分缓慢，使他们无法感觉出来。

傍晚，当太阳在轮廓分明的地平线上沉下去的时候，一片闷热的黑暗便吞没了大地。

第二天空气还是那样纹丝不动。他们同样忍受着干渴的煎熬，比起前两天来，情况更加严重，乔和凯乃第的嘴唇干裂得露出了肌肉，博士的嘴唇也并不比他俩好多少。只是因为他是头领，是这次探险活动的组织者，在这种困难的条件下更须保持镇定。他手里拿着望远镜，仔细地观察着遥远的地平线，哪怕是一个小小的黑点，都能引起他的注意，甚至是美好的幻想。高度的责任感压得他痛苦万分。因为他是靠着友情的力量把乔和凯乃第引到这里来的，让他们享受胜利的喜悦，这才是自己神圣的义务。然而现在，他带给他们的是痛苦，也许还有死亡。良心的不安，使弗尔久逊博士决定毫不含糊地把目前的处境告诉他的两位伙伴，请求他们谈出自己的意见。

"除了博士的意见，我没有别的想法，"乔答道，"只要您能忍受，我也能忍受。"

"凯乃第，你呢？"

"我？亲爱的萨梅尔。我可不是那种一碰到困难就垂头丧气的人。对于这样的旅行，我早就作好了充分的甚至是最坏的准备。"

"亲爱的朋友，谢谢你们。"博士感动得热泪盈眶，"我深信二位的忠诚。凭着这点，上帝会保佑我们的。"

又过了一天，他们的气球已经飞到了撒哈拉沙漠的中心。这是弗尔久逊博士的判断。他想，要是有风那该多好啊！至少我们可以飞到几内亚湾去，而且说不定在路上就会碰到绿洲或水井的。

这时，很少开口的乔开腔了。

"这种情况不会长久的，"乔兴奋地说，"我觉得东方出现了乌云。"

"不错。不过，我们能保证这乌云能带给我们好风吗？"凯乃第有些担心。

没有过多久，果然东方的地平线上升起了一堵浓密的乌云，很快覆盖在他们的头顶上。这只是空喜一场。它既未给沙漠带来一丝微风，也未洒下一滴水珠。没奈何，博士只得升高温度，使气球膨胀，维多利亚号很快升到了1500英尺的高空。气球进入了云层，在雾里荡漾着，似乎比原先飞快了一些。但过了不久，这块乌云便消失在太空中，大地又恢复了原来的模样。

下午4点钟左右，乔看到一望无际的沙海中似乎有一堆突起的深灰色的东西。不一会，他终于十分肯定地认为，那是两棵距离很近的棕榈树。

习惯于推理的弗尔久逊也高兴得叫起来："既然有树，就一定有水源或者水井。"他连忙抓起望远镜仔细观望，证实了乔的眼睛是好样的。

"我们有水了！有水了！"大家高兴得像发了疯似地狂叫着。

然后，大家一致同意了乔的提议，尽情地饱餐一顿。于是他们也像干涸的沙漠一样，将0.5升的水很快地喝了个精光，顿觉精神百倍，大家便开始天南地北地侃起来。

▲ 乘热气球飞越非洲南部喀拉哈里沙漠时可以见到：随着太阳照射时间的不同，沙漠的沙丘会依次呈现出红色、橘色、黄色等奇观。

白骨与枯井

到了晚上6点钟的时候，气球便飞到了棕榈树的上空。这是两棵早已枯萎的树，使费尔久逊博士大吃一惊。他仔细观察，发现树下有一堆显然是被水浸泡过的石头，但已经干得满是裂缝，周围连一点水的迹象也没有。

再扩大视野，向西望去，那里有一片看不到尽头的白骨。在一口废井的周围，有很多死人的骷髅，附近还有横七竖八的肢骨。

弗尔久逊博士心里有些纳闷：既然这里有水，一个庞大的骆驼队怎么会死在井边呢？定是井水早已枯竭，他们中的病弱者便沿途倒在沙漠里；强壮者则勉强支撑着走到了井边，一看是座枯井，也就大失所望，再也走不动了，最后便干渴死在这里。

"快，快离开这倒霉的地方！"凯乃第急切地说，"这地方绝对是没有水的。"

然而，博士并不相信这是事实。他决定下去看个究竟。再说，在这儿过夜，比什么地方都好。趁此机会，把这口井彻底检查一下。从前，这口井里曾经有过泉水，说不定里面还会残留一点。

他们一下吊篮，便直奔井底。就像打洞的动物一样，用双手刨开松软的沙土，但没有找到水。他们只得垂头丧气地从井里爬了出来，这时他们已经累得气喘吁吁，汗流浃背了。

最后几滴水

"燃烧嘴只能烧6个小时了，"博士向伙伴宣布道，"假使这6个小时内我们还找不到水源，那我们的命运就只有上帝才知道了。"

这天，仍是晴空万里，一丝风也没有，气温到了45℃，干渴得他们内心烦躁。虽然还储有将近1升饮水，但这已是杯水车薪，无济于事了。谁都知道这点水在沙漠里意味着什么。

沙漠大探险

▲ 埃及亚斯文热气球之旅，从热气球上清晰可见，
一边绿意盎然，另一边却是荒凉的沙漠。

　　弗尔久逊博士决定作最后一次努力，看是否能找到一股将他们送出困境的气流。他趁两位伙伴打盹的时机，将气球升入到高空，但没有成功。维多利亚号仍然停留在原来的位置上，空气沉重得就像凝固了一样。

　　最后，制造氢气的水用完了，燃烧嘴也熄灭了，维多利亚号皱缩成一团，慢慢地从高空降落下来。

　　这时，博士计算出离乍得湖大约有 500 英里，离非洲西岸则近一些。

　　当吊篮接触地面的时候，凯乃第和乔从痛苦的昏睡中惊醒过来了。

　　"我们停下来了吗？"

　　"是的，只好这么办了。"

　　弗尔久逊博士沉重的声音，使他的两位朋友明白将要发生什么事情了。

　　气球停稳后，他们走下吊篮，心事重重地坐在一个方圆只有几米的沙堆上休息。不久，乔做好了晚餐，大家都咽不下去，每人只喝了一口热水。

第二天，情况更为严重，只剩下不到 1/3 升水了，博士决定将它保留到万不得已时再动用。

天气越来越热，人闷得心里发慌。沙子滚烫滚烫，就像刚从火炉里倒出来，实在无法忍受。

由于没有水喝，长时间的干渴，使他们的神经开始错乱，一个个呆滞的眼睛睁得老大。

这一夜是不平静的，他们思绪万千，没有一个人闭上眼睛。

救命的热风

费尔久逊博士已经晕过去几次了。凯乃第虽然能够站起来，但有气无力，完全像个病人，令人看了心寒。他费劲地蠕动着肿胀、干裂的嘴唇和舌头，就是发不出声音来。

还有不到 1/3 升水，大家都惦记着，大家都想喝，但大家都没喝。

凯乃第身高体胖，身上的水分比别人蒸发得更快，因此也就干渴得更加难受。到了傍晚，便陷于虚脱状态，只听到他干枯的喉咙里发出吱吱的响声。

这时，坐在一边的乔突然扑在地上，把那滚烫的沙子当做清泉大喝起来，弄得满嘴是沙，原来他的神经错乱了。

不久，乔趁着博

▲ 非洲纳米比沙漠是热气球旅行胜地，图为清晨热气球正准备升空。

▲ 乘坐热气球俯瞰纳米比沙漠。

士和凯乃第昏睡的当儿，竟想把剩下的一点水喝掉。他不由自主地爬到吊篮边，把瓶口塞进了自己的嘴里。也就在这一刹那，他身旁发出了凄惨的叫声：

"渴死我了！渴死我了！"

凯乃第向他爬来，跪在乔的面前，眼巴巴地乞求着。乔的手颤抖了。他把水瓶递给了凯乃第，于是这几滴水便找到了它的最后归宿。

"谢谢你！"凯乃第喃喃地说。但乔没有听见，他在这位苏格兰人的身边倒了下来。

恐怖的沙漠之夜又降临了。与其说他们是在期盼，不如说是在等候死亡。第二天，一件令人揪心的事情发生了。

凯乃第的脸色令人可怕。他的头左右摇晃着，好像在搜寻什么似的。不久，只见他用力抬起身子，发疯似的扑向吊篮，抓起马枪，把枪口对准了自己的下巴。

见此情景，乔立刻嚷着向他奔去，两人厮打起来。

"滚开，要不，我会先打死你的！"凯乃第大嚷道。

这一切，弗尔久逊博士似乎完全没有看见。在恶斗中，马枪"呼"地响了一声，博士才惊醒过来，好容易抬起身子。他把手伸向远方，用撕裂的声音喊道：

"瞧，热风！"

听到他的喊声，乔和凯乃第像触电一样，立即停止了搏斗。顺着博士手势的方向望去，那辽阔的沙漠上果然翻起了波浪，仿佛风暴中汹涌的大海。沙浪在狂风中翻滚着，一刹那，太阳便隐没到浓密的黑云中去了。

乔和凯乃第不了解"热风"的含义，也不懂得这将意味着什么。然而，弗尔久逊却明白地告诉他俩：

"我们终于得救了！"

龙卷风来得很快，他们按照博士的指令，把吊篮里当做压仓物的沙土用小盆往外倾倒，乔路过金矿山拾的那些宝贝矿石也被扔掉了不少。

维多利亚号升空了，很快升到了龙卷风上面，被一股强大的气流托住，以不可思议的速度飞越了汹涌翻腾的沙海。

凯乃第和乔默不作声，全神贯注地紧盯着前方，生的希望在他们心中又一次油然升起。

弗尔久逊博士的判断是正确的，他们真的得救了。大约3点钟的时候，热风停了，翻滚的沙浪立刻凝滞起来。沙漠又笼罩在死一样的寂静中。

维多利亚号在沙海中耸立着的一座绿岛上缓缓地降落下来。博士的第一声兴奋的叫喊，在这充满生机的绿岛上回荡。

"水，我看见水了。"凯乃第和乔向着他指示的方向看去。果然是水。他俩简直高兴得像发疯似的，抓起猎枪，消失在为他们提供大量泉水的绿树丛中去了。

突然，在离他们20来步远的地方，发出了一声惊天动地的咆哮。原来他们的光临，扰乱了栖息在这里的狮子的宁静。

凯乃第是一个高明的猎手，遇到这种场合，他是从来不退缩的。他谢绝了乔的劝阻，眼里冒着火花，端着猎枪冲了上去。只听"呼"的一声，一颗子弹击中了狮子的心房，它倒在血泊中死去了。

树林里立刻响起了一阵高亢的欢呼声。接着他们奔向泉水边，趴在地上，贪婪地喝起水来。乔把带去的瓶子装满了水，送到博士的嘴边，他一口气喝掉了半瓶。

尽管没有表白，但每个人的心里，都强烈地感受到，虽然大自然使他们遭遇不幸，也是大自然救了他们。

▲ 游客乘坐热气球观看风景。

18 火焰山下吐鲁番

▼ 火焰山位于吐鲁番市东北，主要由中生代的侏罗纪、白垩纪和第三纪的赤红色砂、砾岩和泥岩组成。

▼ 位于中国新疆吐鲁番盆地南部的艾丁湖，是中国陆地最低点，也是仅次于死海、阿萨勒湖的世界第三低洼地，湖底海拔 −154.31 米。

别以为沙漠都是荒凉冷落、杳无人烟的生命禁区，吐鲁番盆地的景象就绝然不同。

汽车从哈密出发，经鄯善，就抵达火焰山下的吐鲁番。从西汉到唐代，这里一直是古丝绸之路北道上的一个重镇。因此，在追踪古代"丝绸之路"的旅行中，如果不去吐鲁番将是终生的遗憾，因为这里的确是个令人神往的地方。

戈壁滩上的绿洲

吐鲁番是博格达山和觉罗塔格之间的陷落盆地，面积约 5 万多平方千米，包括吐鲁番、鄯善、托克逊 3 个县。位于吐鲁番市的艾丁湖，旧称觉洛浣。维吾尔语称艾丁库勒，是"月光湖"的意思。它坐落在盆地的南部，面积约 124 平方千米。湖面低于海平面约 154 米，是我国海拔最低的地方。过去，湖水多的时候，远远望去，有如月光般晶莹皎洁。由于长年的蒸发，

▲ 博格达山位于天山山脉东段，主峰博格达峰海拔 5445 米。

▲ 吐鲁番盆地是世界上海拔最低的盆地，盆地四周都是干燥的戈壁滩。

▲ 吐鲁番盛产葡萄，随处可见枝繁叶茂的葡萄架。

大部分湖面，已结成一层厚厚的盐壳。

盆地内多戈壁、沙漠，太阳一晒，气温便很快上升，直到午夜，才缓慢地降落下来。所以当地有句谚语："早穿棉袍午穿纱，怀抱火炉吃西瓜。"讲的就是这种气候条件。

吐鲁番盆地地处大陆干旱区的中心，年平均降雨量只有16毫米左右，这也是形成夏季高温的重要原因。每年6～8月份，大约有三四十天气温在40℃以上，最高达47℃，甚至比这更高，而地表温度则超过70℃。

吐鲁番盆地的四周，都是干燥的戈壁滩。可是，戈壁滩的底下却蕴藏着丰富的水源。吐鲁番各族人民在和自然的长期斗争中，创造了利用地下水的巧妙方法，挖出了世界驰名的灌溉工程——坎儿井。

吐鲁番树木葱茏，青翠满眼。夏天，从炎热的戈壁进入绿洲，路旁一排排钻天杨插入云霄。整齐的农舍大都掩映在绿树丛中。这里的居民多属维吾尔族，几乎家家都有枝叶繁茂的葡萄架。暑天坐在下面，凉风习习，是人们歇息的好去处。

火焰山名不虚传

我国古典浪漫主义小说《西游记》中，描绘了一个动人的故事：唐僧师徒去西天取经途中，被八百里火焰山阻隔，无法通过。多亏孙悟空降服了牛魔王和铁扇公主，借来了"芭蕉扇"，扑灭了熊熊烈火，才过得山去。这自然是神话，不足为信。

然而，真实的火焰山是有的，它位于新疆吐鲁番盆地中北部，博格山以南的低丘，海拔约 500 米。主要为红砂岩构成，夏季气候干热，山体呈现红色，东西长达 100 千米，南北宽约 10 千米。

谈到火焰山的得名，大致可以从两个方面去理解。一方面，那里夏季气候干热，强光灼人，是一座名副其实的火山；另一方面，这座山主要为红砂岩构成，在强烈的阳光照射下，红色的砂石熠熠生辉，宛如阵阵升起的烈焰。所以这名字是非常形象的。

唐朝边塞诗人岑参曾在他的诗中写道："火山突兀赤亭口，火山五月火云厚。火云满天云未开，飞鸟千里不敢来。"惟妙惟肖地描绘了火焰山的情景。

▲ 火焰山夏季炎热，地表最高温度高达 70 摄氏度以上，沙窝里可烤熟鸡蛋。

寻找历史的辉煌

到了吐鲁番，不去寻访交河故城和高昌故城也是憾事。

前者亦称雅尔湖故城（高昌都城遗址），在吐鲁番城西10千米处的雅尔湖乡。由于故城坐落在两条古河床交叉环抱的一个柳叶形小岛上，故名交河。

自西汉到后魏，车师前王国均以此为国都。公元450年为高昌所并。城内断墙颓壁，举目皆是。6世纪初麴氏高昌时，在此建立郡城。现存的遗址主要是唐代及以后朝代的建筑。城依土崖呈长方形，无城垣，南北长约1000米，东西宽约300米。城中有一条纵贯南北的大道，长约350米，宽约3米，两旁的胡同仍然清晰可辨。有的院落还相当完好，只是不见方顶。中央大道的北端有座寺院，是全城中规模最大的建筑物，系砖瓦结构，这在城中是极罕见的。寺院里佛龛犹在，神像依稀可辨。据考古人员称："这里曾发现过唐代的莲花瓦当。清光绪二十七年，出土了唐开元十年的《莲花经》一卷。"

▲ 高昌故城是古代丝绸之路的交通枢纽。

高昌故城在今吐鲁番城东40公里处的火焰山乡。维吾尔语称亦都护城。城周约长5千米，有用黏土夯筑的高大城墙。汉时称高昌壁或高昌垒，两汉魏晋时的戊己校尉屯驻于此。以后，曾是麴氏高昌国都和回鹘高昌国都，至元明之际始废，前后经历约1500余年，在历史上有着重要地位。建筑和规模形成年代约在前凉至高昌麴氏王朝时代。

高昌故城原分外城、内城和宫城3部分，布局和唐代的长安城相似。城西南有一处寺庙遗迹，面积达1万平方米，寺门、广场、佛殿、塔基等主要建筑，至今仍历历在目。据史料记载，公元 630 年唐高僧玄奘西行求法曾经路过这里，受到了高昌王的礼待，被尊为国师，并在此设坛讲经。

除此以外，在吐鲁番县城西北约 10 千米处，有一个名叫"雅尔湖千佛洞"的石窟，相

▲ 高昌故城俯瞰。

传为唐宋时代遗址，共有 7 窟，6 个为支提窟，1 个为毗诃罗窟，间有壁画题记。在第五窟西壁上有突厥文题记，为银山东西各窟中所罕见。

坎儿井与葡萄沟

到吐鲁番旅行的人，如果不去看看那里举世无双的灌溉工程——坎儿井，定会终身遗憾。

吐鲁番盆地大多是干燥的戈壁滩，地下水资源却相当丰富。吐鲁番各族人民在同自然的长期斗争中，用自己的聪明才智创造了充分利用地下水资源的绝妙方法，修筑了据说总长达 3000 多千米的坎儿井。

吐鲁番盆地的坎儿井，约有 1000 多条。"坎儿"，是"井穴"的意思。这种奇特的灌溉系统，由地面渠道、地下渠道、涝坝三部分组成。它的方法是，在高山雪水潜流处寻找水源，在一定距离内挖一个深十几米乃至几十米的竖井，将地下水汇聚，以增大水势，再依地势高低，在井底修通暗渠，引水下流，一直连接到遥远的绿洲，才将水引出地面，用以灌溉农田。渠长一般约 3 千米，最长的有二三十千米。工程之伟大，可与长城、运河

相媲美。

坎儿井已经有2000多年历史了。这种灌溉方法到底是谁发明的呢？说法不一。据《史记·河渠书》记载，汉武帝时曾征发万余人凿渠，引洛水至商颜山下。因沙漠土质疏松，极易崩塌，便凿井蓄水，从井下修潜渠，以为灌溉。近代学者王国维在《西域井渠考》一书中，认为是汉通西域后，看到塞外缺水，且沙土易崩，便将这种灌溉技术传给了当地人民。也有人说，鸦片战争后，林则徐发配新疆，经过吐鲁番地区，见当地炎热少雨，乃熟查地势水源，才发明了这种凿井灌田的方法。

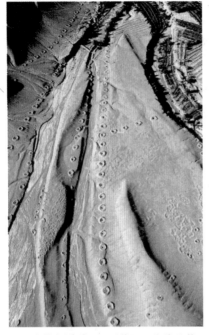
▲ 图中整齐排列的圆形井渠即为坎儿井。

在中亚和西南亚等干旱地区也有坎儿井，或以为皆从我国西传。

其实坎儿井的修建与利用有一个逐渐改进和完善的历史过程，而这一过程的主人则是中华民族的广大劳苦群众。是他们在与自然的抗争中，运用自己的聪明才智和勤劳的双手，才创造了这举世无双的伟大地下灌溉工程。

葡萄沟也是吐鲁番的一方宝地。它坐落在火焰山西侧的一个峡谷。这里水渠纵横，林木繁茂，空气湿润，气候凉爽，是火焰山下的避暑胜地。峡谷以盛产无核白葡萄而闻名。除此以外，这里还有石窟、古庙等遗址，是旅行者乐于寻访的地方。

灿烂的古代文明

在吐鲁番城东南有两个村庄，一个叫"阿斯塔娜"，另一个叫"哈拉和卓"。两村之间的戈壁滩上有一片古墓葬群。死者按家族分区埋葬，中间用砾石隔开。从已出土的文物判断，墓葬最早的是西晋泰始九年，最晚的是大唐大历十三年。19 世纪末到 20 世纪初，沙俄、英、德、日等国的"探险者"曾在此进行了疯狂的盗掘，窃走了大批珍贵文物。中华人民共和国成立后，我国考古工作者于 1959 年在这里进行了 13 次有计划的挖掘，清理了约 400 座墓葬，出土了大量的丝绸织物、陶器、木器、钱币、泥俑、文字资料等文物，特别是丝绸品种之繁多，加工之精细，色彩之艳丽，是别的地方所罕见的。

隋唐时期的织品，花色已吸取了西方的题材和风格。例如联珠圈内的对鸟、对兽、猪头、熊头等花样，就明显地表现出波斯萨珊王朝时的风格。由此可以断定，这些织物无疑是外销商品。另外，和这些织物同时出土的，还有波斯银币和东罗马金币。这些异国的货币，是古代东西贸易往来的见证。

▲ 1653 年一位来中国旅游的荷兰画家所绘制的吐鲁番使者画像。

在众多的丝绸织物中，犹以绢本的伏羲女娲图、舞乐图、围棋仕女图、牧马图、骑士对兽纹锦、牵驼纹"胡王"锦及狩猎纹印花绢等最为著名，具有很高的艺术价值。

特别是大量的"吐鲁番文书"，包括政治、经济、军事、法律等各个方面的内容，对研究古代高昌国的历史以及它与内地的关系，有着重要的作用。

驰名遐迩的特产

吐鲁番气候炎热，干旱少雨，但地下水资源丰富，这就为当地人民提供了发展农业生产的有利条件。所以这里物产丰富，其中，最负盛名的要算葡萄、甜瓜和长绒棉了。

早在唐朝的时候，吐鲁番人民就有用葡萄酿制果酒的习俗。考古工作者不仅在唐代的墓葬中发现过葡萄干，而且在出土的资料中，也有许多关于种植葡萄和用它酿酒的记载。

这里有以种植无核白葡萄闻名的葡萄沟，每一片绿洲，都可以随处看到一片片满目葱翠的葡萄园。每到七八月间，一串串撩人垂涎的果实挂满浓密的枝蔓，有翡翠碧绿的，有紫红色的，甚是可爱。

吐鲁番葡萄的品种很多，形态各异，质量均属上乘。其中尤以无核的白葡萄最为著名，是这里的特产。

加工后的葡萄干，含糖量高达 60% 左右，味道纯正，是干果中的珍品。

吐鲁番出产的甜瓜质地优良，具有香、甜、脆三大特点。甜瓜以上市季节的早晚分为夏瓜和冬瓜两种。前者六七月间即可上市，后者要到十一二月才能收获。这种瓜保鲜性能良好，采摘后可以窖藏起来，待来年四五月间食用，味道与刚收获时一样，甚至还散发出一种醉人的香味。

吐鲁番还盛产长绒棉，这种棉花适于这里的土壤和气候，所以发展很快。现在吐鲁番已是我国长绒棉的主要产地之一。

19 神奇的沙漠景观

▲ 沙波纹是沙漠中最独特的景观，它是因风力作用而在沙丘表面形成的各种波纹形态，主要有直线状、弯曲状、链状、舌状和新月状五种类型。

别以为沙漠是那样荒凉冷落，空旷寂寥，其实，那里也有翡翠般碧绿的草场，粗犷豪放的牧歌，蓝得令人陶醉的天幕，清脆悦耳的驼铃，还有那月光下柔和纯洁的沙丘，就像一个沉睡中的妇人的胴体，只要你凝神屏气，准能听到她起伏的胸膛里发出的颤动声。

沙漠也是神秘的，神秘得像一个难以解开的谜语，一个笼罩轻纱的梦幻，一首永远也写不完的朦胧诗篇……

沙漠里的幻影

去印度取经的玄奘一天进入了渺无人烟的莫贺延碛，就是现今甘肃安西与新疆哈密之间横亘 400 千米的大戈壁地带。

这里是一片黝黑色的砾石，寸草不生，鸟兽绝迹，荒凉得令人喘不过气来。白天，烈日当空，炎热难耐。玄奘正向前赶路，忽见前面旌旗飞扬，几百匹战马向他飞驰而来，转眼间，又消失得无影无踪，展现在远处的是一排排整齐的房舍和茂密的森林，还有蜿蜒曲折的驿道，甚至连路上的行人、车马都看得清清楚楚。不一会，又变成了另外一种景观。

这是一种虚幻的景象。航海的人也经常可以看到，人们把它叫做海市

▼ 当沙漠地面蒸发加剧，水汽会迅速升腾。由于云气对阳光产生折射，远远看去，平坦的沙地就像波光潋滟的湖泊，而起伏的沙山、丘陵就好像变幻出湖泊、树林、楼房等景象，这种迷人的幻境被称为"沙市蜃楼"。

蜃楼。这种景象不仅在海上常见，在沙漠里也会出现。有时，它会使远处的绿洲、城镇或是遥远的地方，立刻呈现在人们的眼前。玄奘有幸目睹了这种胜景，不过限于当时的科学水平，自然无法作出正确的解释，只好归结到神灵的身上。

北美西南地区的沙漠，也是以"沙市蜃楼"的幻象而驰名的地区。美国探险家安德鲁斯曾经清楚地看到一群形似企鹅的怪兽在戈壁沙漠的湖中涉水，远远望去，它们宛如来自另一世界的庞然巨怪在安详踱步。他立即让画师绘下这一景象，自己则蹑手蹑脚地向湖边走去。他越走越近，湖的面积却变得越来越小，野兽也渐渐地变了形，肥硬的大天鹅变成了纤瘦的羚羊，最后便变得杳无踪迹。

这些幻影，是怎样形成的呢？说简单些，它们都是在特殊气象情况下产生的光环。光线通过不同温度（即不同密度）的毗连气层时，便会产生折射，造成千奇百怪的蜃景。举例来说，假定有处沙漠，太阳把沙晒热以后，沙子上方最低层的空气也热了起来。在这层薄薄的热空气上面，又有许多较冷的空气。因为热空气的密度小，光线透过这里要比通过高层的空气容易，光线通过不同密度气层的边界时，它的方向发生变化，这便是光线的折射现象。

夏天，有时在公路上或其他炽热的平面上看到的"水潭"，也是小型海市蜃楼的幻象。它是被热平面上的灼热空气折射回来的一片片天光的幻影。沙漠中迷路的旅人，常被这种蜃景折磨。所以，沙漠中的蜃景既非出于想象，也非源于幻觉，而是晴朗的天空光线折射现象。但是，它的存在，又给神秘的沙漠增添了几分迷幻的色彩。

会鸣唱的沙粒

说沙子会唱歌，只是一种艺术的夸张，世界上还没有发现任何种类和形式的沙粒，能奏出优美动人，符合旋律的乐曲。然而，"鸣沙"现象却是一种普遍存在于沙漠中的神秘的自然现象。

  1000 多年以来，这种现象便散见于古代的各种著作里。《天方夜谭》中提到，在中国古代的书籍中，也记载着在亚洲中部的戈壁滩上出现过鸣沙。我国甘肃省敦煌就有鸣沙山。马可·波罗在他的游记里曾绘声绘色地描述过他的感受，"仿佛在亚洲沙漠的天空，有一位神仙经过，响起了阵阵鼓乐的吹奏声……"

▲ 甘肃敦煌的鸣沙山和月牙泉。

  到了 19 世纪，许多科学家对这种现象仍然百思而不得其解，达尔文就是其中的一位。他在《博物学家环游世界记》一书中，记下了 1832 年 4 月 19 日的见闻："离开索西哥后……我们沿来路折回。这使人非常疲劳，因为那条路要横过一个耀眼、酷热的多沙平原，距离海岸不远。我发觉了马蹄每次踏在矽质的细沙上，就会发出一种柔和的吱吱声。"

  后来，达尔文又在智利的科帕坡谷地区发现了鸣沙现象。他写道："我在城中逗留时，听见几位居民谈及附近有座山名叫亚拉马多。亚拉马多是虫鸣或吼叫的意思……山上布满沙子。据我所知，只有人爬上去搅动沙层时，才会发出声音。"

  相传，埃及的西奈半岛某处有一座寺庙被庞大的沙丘掩埋，但寺庙里的钟磬依然发出悠扬的音调，路经这里的游牧部落会被地下突然传来的声

响吓得胆战心惊。钟山的故事自此便广为流传。

根据各处不同的沙层结构，沙漠发出的声响各不相同。有的像鸣唱，有的像低吟；有的声调清脆，有的声响沉闷；还有钟磬的嗡嗡声和凄厉的尖叫声。

鸣沙现象就其分布地域而言，几乎遍及世界各地的沙滩和沙漠。它是怎样产生的呢？有人认为沙粒表面光滑，人在上面行走时，深陷沙中的双脚便会造成连续的振动，而这种振动发出的悠长声音，听起来就好像音乐的鸣奏。

至于钟山的传说，有人曾循声究源，发现了那座山的一面的沙层特性。它们由经常吹过西奈半岛的强烈西风带来，厚厚地铺积在那里。据说，西风最猛烈时，那座山的"钟声"就最悠长动听。

也有人认为，沙粒发出的声音与环境的温度有关，而沙粒是否圆滑，并非鸣沙的主要特性。但沙粒的大小划一，反而更为重要。此外，如有尘埃，鸣沙的声音就会减弱，有时甚至完全不能发出声音。

有一种笼统的解释，是由新堡大学的科学家提出来的。他们认为，如果要发出任何声音，两层或多层沙粒之间必须具备切力运动。如果沙层单薄而无边限，只有斜敲才能发出声音。

据英国科学家报告，在某种情况下，切力运动可以使有限的沙粒产生类似风琴中空气的振动。

截至目前为止，关于鸣沙发出的原理，仍然是一个不解之谜，有待人们去作进一步的探索、研究。

看不见的陷阱

一块看似干硬的沙地，当人们的双脚踏上去，地面会突然破裂，沙子将足踝紧紧地咬住。如果挣扎着向前走，就会陷得更深，没过双膝，直到整个身体陷入其中，不能自拔，最后只有等死。据说，别人是无法援救的。

这就是流沙，沙漠中一种可怕的自然现象，人们把它叫做"看不见的陷阱"。在沙漠探险中，如果误入这种陷阱，几乎没有生还的可能。

美国佛罗里达州奥奇朝比湖南部的低洼沼泽地区，有一片看似干硬的沙地。一天，美国大学生皮克特和斯塔尔到这里来寻找寄生植物。皮克特走在前头，一不小心，便陷入了沙地。斯塔尔尽管听到了朋友的救命声，也束手无策，因为他知道跳进流沙中去救人无异于自取灭亡。后来斯塔尔找来了一根粗大的树枝，用一块石头作支点，把它插入沙中，伸到皮克特的胸膛下，使出全身力气，想把难友撬起来，但没有成功，流沙迅速淹没了他的下颌，直至淹没他的口鼻，最后只留下一对充满悲伤和恐惧的眼睛。等他再次抬起头来，却什么也看不见了，只留下一片看似干硬的沙地。

在阿肯色州的贝尔顿附近，一群猎户沿着瓦其塔河步行。这时，眼前的一幕使他们惊呆了。一个人头平放在干硬的沙地上，双眼望着蓝天，两颊呈紫黑色。后来才恍然大悟，那个人头便是误入陷阱的牺牲者。

1945年，一支美国补给车队在维斯马附近突遭敌机轰炸，领头的司机乔纳斯立即将车子开入一片看似多沙的草地，不料车子陷入了流沙中。乔纳斯见状，便从窗口爬上顶篷。几分钟后，沙土便封闭了挡风玻璃。他奋力向路边跳去，顺手抓住了路边一丛灌木，才救了他一条性命。等到空袭过后，他的车子已经完全消失在平静的沙子里。

这种死亡的陷阱是怎样形成的呢？科学家们经过实地考察和模拟试验，大致得出如下的结论：

流沙的形成与水有关。关键在于水流。水在沙中不动，沙不会流；如果水在沙中以某种方式流动，情况就不大一样了。

这种推断，通过实验，基本上得到了证实。美国西北大学的奥斯特伯格教授在他的装置里有一个大容器，里面盛满了沙子与数条管道相接，水从上面流入又从下面流出，或反过来流动。他还造了一个塑料假人，里面注入铅粒，使比重相等。假人能浮在水中，头部露出水面。试验开始时，容器里的沙如果是干燥的，假人站在或躺在沙上，都不会留下很深的印迹。

▲ 被流沙掩埋的黑城遗址，摄于内蒙古额济纳（黄成德摄）。

▲ 被流沙掩埋的校园，摄于内蒙古新巴尔虎右旗（黄成德摄）。

水从头顶灌下去，假人依旧不会下沉；但是水从底部灌下去，穿过沙层涌出的时候，假人就会下沉到脖子的位置。

实验表明，有些流沙沉物快，有些流沙比较慢。沙粒越细，上涌的水越慢。如果沙粒细，上涌的水流又急，那就变成"超流沙"状态了。这种沙虽然表面上看似坚硬，极易流动，只要人立足其间，便有灭顶之灾。相反，水流慢，沙粒黏结，便成了慢流沙。如果误入其间，通常可以脱离险境。

截至目前，还没有人愿意到流沙中去试验，以上结论，仍然具有推断性质。

绿色的塑料树

沙漠化的迅速发展，使人类和生物生存面临严重的威胁。

在我国，因沙漠蔓延，每年丧失 2300 平方千米的耕地。

沙漠是可以防治的，这就是在干旱少雨和面临沙漠威胁的地区广泛地营造防风固沙林带。事实证明，它不仅能有效地遏制沙漠的蔓延，还可以将这些"准沙漠化"地区变成林茂粮丰的富庶之地。建国以来，我国已在这方面取得很大成绩。

　　1990年7月,西班牙一位名叫阿尔瓦的电子工程师发明了一种塑料树,用它在非洲利比亚的沙漠地带进行了绿化试验。

　　这种塑料树的树根、树干和树叶,用遍布纹理的聚氨脂塑料制成,就像毛细管一样用来吸取地下的水分;树枝、树叶用酚醛泡沫塑料制成,能在夜间从露水和晨雾中吸收水分,到了黎明时将它们释放出来,可对一天中的气候进行有效的调节。

　　这种塑料树的优点是,无需人工或天然灌溉,而且能凭借沙漠地带昼夜之间的温差,保持足够的水分,在沙漠上空产生能激发降雨的冷气团。这种气团一旦跟来自沿海地区的云块相遇,便可以在干热的沙漠上空洒下雨水,从而改变这里的气候,达到绿化沙漠的目的。

　　阿尔瓦的方案已经付诸实践。他计划用10年的时间,完成改造沙漠计划。到1994年4月止,他已经在沙漠中栽种了5万棵人造塑料树和相应的天然树。预计在不远的将来,在利比亚的沙漠地带,人们将会看到人类历史上第一个用绿色塑料树培育起来的沙漠绿洲。

▲ 绿洲是沙漠的灵魂,图为沙漠中的绿洲小城棕榈泉市,位于美国加利福尼亚州。

编辑说明

....

　　本书所配插图主要系编辑所加，其中大部分取得了版权所有者的授权。由于时间紧急，个别图片尚未联系到版权人，敬请图片作者与北京大学出版社联系。联系电话（010）62767857。

....